高等职业教育系列教材

电子技能与实训

主　编　瞿文影
副主编　王　顺
参　编　马世光　于　红

U0398026

机 械 工 业 出 版 社

本书依据"以行动为导向"的职教理念，参考了电气自动化技术、机电一体化技术等专业的教学标准和相关的职业技能考核标准编写而成。

本书共分 8 个项目，主要内容有：安全用电与文明生产、常用电子仪器仪表的使用、常用电子元器件的识别与检测、焊接工艺、电子产品装配前准备、电子产品装配工艺、电子产品小制作、电子产品整机的装配与调试等。

本书可作为中、高职院校电子技能训练或实训的教学用书，也可作为中、高职院校电子技术或电工电子技术一体化教学的实训教学用书，也可作为电子爱好者的自学用书。

本书配有电子课件，需要的教师可登录 www.cmpedu.com 免费注册，审核通过后下载，或联系编辑索取（QQ：1239258369，电话：010-88379739）。

图书在版编目（CIP）数据

电子技能与实训/瞿文影主编 .—北京：机械工业出版社，2019.6
（2025.2 重印）
高等职业教育系列教材
ISBN 978-7-111-62594-0

Ⅰ . ①电… Ⅱ . ①瞿… Ⅲ . ①电子技术-高等职业教育-教材
Ⅳ . ①TN

中国版本图书馆 CIP 数据核字（2019）第 079059 号

机械工业出版社（北京市百万庄大街 22 号 邮政编码 100037）
策划编辑：和庆娣 责任编辑：和庆娣
责任校对：刘 敖 责任印制：张 博
北京建宏印刷有限公司印刷
2025 年 2 月第 1 版第 9 次印刷
184mm×260mm · 12.5 印张 · 309 千字
标准书号：ISBN 978-7-111-62594-0
定价：39.00 元

电话服务 网络服务
客服电话：010-88361066 机 工 官 网：www.cmpbook.com
010-88379833 机 工 官 博：weibo.com/cmp1952
010-68326294 金 书 网：www.golden-book.com
封底无防伪标均为盗版 机工教育服务网：www.cmpedu.com

前　　言

　　本书依据"以行动为导向"的职教理念，参考了电气自动化技术、机电一体化技术等专业的教学标准，调研了维修电工、家用电子产品维修工等岗位的相关工作任务，进行了教学内容的设计，以具体工作任务的形式展现相关教学内容，充分体现"理论知识为技能服务"的目标，提高学生就业竞争力。本书特色如下。

　　1）以提高职业能力为目的，重点培养学生的操作技能和职业素养。

　　2）针对职业教育的特点，以日常生活或工程实践中的产品作为载体，以具体工作任务为主线，充分体现任务驱动、教学做一体化的行动导向教学模式。

　　3）参考维修电工、无线电调试工、电子设备装接工的职业技能鉴定标准，经多年教学实践总结编写，内容由浅入深、突出重点。

　　4）每个项目下有若干个任务和练习与思考题，每个任务下设有知识链接、工作任务实施等。充分考虑学生的认知水平和职业要求，注重理论与实践相结合、学习与就业相结合。

　　5）尽量使用图表等直观形式，图文并茂，提高学生学习兴趣，加深学生对电子技术的认知。

　　本书由吉林化工学院瞿文影、王顺、马世光、于红编写。项目1、2由瞿文影编写，项目3由于红、瞿文影编写，项目4、5由马世光编写，项目6由瞿文影编写，项目7、8由王顺编写。全书由瞿文影统稿审阅。本书在编写过程中还得到了吉林化工学院领导和航空学院专业教师的大力支持，在此表示感谢。

　　由于编者水平有限，加之时间仓促，书中难免存在不足和疏漏，希望广大读者提出批评、建议和意见。

编　者

目　　录

项目1　安全用电与文明生产

【学习目标】

1）了解电子技术实训室的功能和各项管理规定。

2）了解人体触电的原因、预防措施及安全用电常识。

3）注意节约用电，树立安全文明生产和环保意识。

任务1　认识电子技术实训室

【工作任务描述】

电子技术实训室是对学生进行电子技术技能训练和实训的基本场所。进入实训室首先要了解实训室的各项管理规定，从而保证设备和人身安全，避免触电等事故的发生；同时必须保持实训室的卫生，这对养成学生的良好职业习惯、衔接企业的6S管理标准具有重要意义。

【知识链接】电子技术实训室介绍

电子技术实训室（见图1-1）是应用电子技术、机电一体化技术、电气自动化技术等专业进行电子技术基本技能训练、电子实训、电子技术课程设计等实践环节教学的场所。实训室应配有三相电源、插座、焊接及电子装配的常用工具、常见电子元器件、常用电子仪表等。通过检测电子元器件、制作印制电路板、安装元器件、焊接、电子产品装配和调试，甚至维修电子产品等一系列由浅入深的实践训练，使学生获得电子产品组装、调试的基本知识和基本技能，同时创设真实的工作情境，使学生了解电子企业中的组装、测试等岗位的工作任务，培养学生良好的职业习惯及解决实际问题的能力，增强学生的实践能力、合作能力和创新能力。

图1-1　电子技术实训室

进入电子技术实训室要听从指挥，遵守相关的管理制度，共同维护电子技术实训室的安全和卫生。实训室的管理制度不一一列举，基本的安全卫生制度示例如下。

电子技术实训室安全卫生制度

1. 除本实训室工作人员外，其他人员未经许可不得进入实训室。
2. 未经本实训室教师许可，不准随意动用实训室的设备、工具等。
3. 学生必须在教师的指导下，严格按操作规程进行实训。
4. 设备工作时，操作人员不得离开操作岗位。
5. 保持实训室内的整齐、清洁，不得在实训室内吃任何食品，不得随意乱丢杂物。
6. 不得在实训室内大声喧哗、打闹。
7. 临时使用的物品要摆放整齐，放学时必须打扫室内卫生。
8. 实训室必须注意防火、防盗、防水，保证设备安全。
9. 离开实训室前必须切断实训室总电源，关好门窗。
10. 凡违反技术操作管理规程者，即使未造成损失，也要接受批评教育，做出检讨。

【工作任务实施】学习电子技术实训室管理制度

1. 任务描述

1）了解电子技术实训室的功能。

2）知道电子技术实训室的各项管理规定。

2. 需准备的工具及材料

电子技术实训室安全管理、卫生管理制度等。

3. 实施前知识准备

电子技术实训室各设备的名称、电源开关位置等。

4. 实施步骤

1）将学生分组，安排座位，记录好分组情况（见表1-1）。

2）查找各组电源位置，掌握电源使用方法。

3）学习讨论安全制度，确定值日制度及奖惩办法。

表 1-1　实训分组情况表

实训台号	组长	组员	实训设备情况	备注
1				
2				
3				
4				
5				
6				
7				
8				
9				
10				

任务2 用电安全与节约用电

【工作任务描述】

随着人们生活水平的提高，对电的依赖程度也越来越高，在日常生活中要会正确地应用电能，注意用电安全。安全用电包括两方面内容，一是在用电过程中要保证人身的安全，防止触电；二是保证用电线路及设备的安全，避免受到损坏，甚至引起火灾等。同时还要有节能环保意识，培养节约用电的好习惯，让每一度电都发挥出应有的作用。

【知识链接1】 防止触电

现代家庭中离不开电饭锅、电冰箱、电视机、洗衣机等家用电器，在使用过程中必须注意用电安全，以防止触电或损坏用电设备。当有电流流过人体时，将会对人体造成损伤，触电的方式不同，对人的伤害程度也会不同。

1. 触电的类型

人体触电是指人体某些部位接触带电物体，并有电流流过人体的过程。在三相五线制交流电路中，有三根相线、一根零线、一根地线。根据人体接触带电体的具体情况，有3种触电形式，分别称为单相触电、双相触电和跨步电压触电，如图1-2所示。其中图1-2a为单相触电，即其中一根相线与人身接触，电流通过人的身体流入零线或大地，这种触电事故在日常生活用电中发生得最多；图1-2b为双相触电，是指同时接触两根相线造成的触电事故，此时电流通过两臂直接流过心脏，且电压为380V，所以最为危险；图1-2c为跨步电压触电，所谓跨步电压，就是指电气设备发生接地故障时，在接地电流入地点周围电位分布区行走的人，其两脚之间的电压，而由跨步电压造成的触电称为跨步电压触电。

图1-2 常见触电类型

a）单相触电　b）双相触电　c）跨步电压触电

2. 触电的常见原因

在日常生活中，单相触电最为常见，主要原因有以下几点。

1）用电器具与相线相接的金属部件因绝缘损坏或保护装置脱落、失效等原因而裸露在外，使人无意中与其接触而造成触电，如图1-3a所示。

2）因电器绝缘水平下降或损坏造成漏电，在人体与其接触时造成触电，如图1-3b所示。

3）由于接线错误或不当，使电器的金属外壳或人体可能触及的部分带电，在人体接触时造成触电,如图1-3c、d所示。

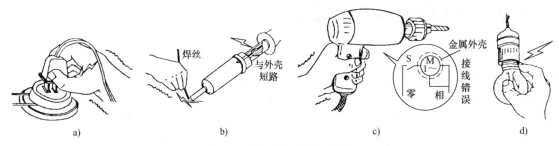

图1-3 单相触电实例示意图
a) 绝缘损坏使相线外露 b) 电器漏电 c) 接线不当使外壳带电 d) 相线接在螺口上

3. 电对人体的伤害

触电按伤害程度分为电击和电伤两种类型。其中电击是由于电流通过人体内部,造成内部器官在生理上的反应和病变,如刺痛、痉挛、麻痹、昏迷、心室颤动或停跳、呼吸困难或停止等现象;电伤则是电流对人体造成的外伤,如电灼伤、电烙印以及皮肤金属化等。触电对人体的伤害与通过人体的电流大小、时间长短、通过路径及触电者的身体状况等有关。简单地讲,电流越大,时间越长,伤害就越严重;电流若通过心脏、肺部、脊髓及脑部等重要器官时,伤害最为严重;对体弱者来说受到的伤害比体强者严重。

安全电压是指不致使人直接致死或致残的电压。一般环境条件下,我国规定的安全电压等级有36V、24V、12V。50~60Hz的交流电流10mA以下和直流电流50mA以下为人体的安全电流。大小不同的电流对人体的作用如表1-2所示。

表1-2 人体对不同电流的感知

电流/mA	50Hz交流电表现特征	直流电表现特征
0.6~1.5	手指开始感觉麻	没有感觉
2~3	手指感觉强烈麻	没有感觉
5~7	手指感觉肌肉痉挛	感到灼热和剧痛
8~10	手指关节与手掌感觉痛,手已难于脱离电源,但仍能摆脱电源	灼热增加

4. 防止触电的措施

生活中一般使用的是单相电,所以主要是避免单相触电。常用的防止触电措施如下。

1) 安装自动断路器或漏电保护开关,合理选择导线与熔断器。

2) 选用质量可靠的电器开关、导线、绝缘材料等。

3) 安装和维修电路或电器时,要断开电源,并用试电笔检验确实无电后才可进行。必要时,可在断开的电源开关处留人值守或安放"有人工作,禁止合闸"的标牌。操作人员应踩在木板或木凳等绝缘物上或穿好绝缘鞋。

4) 电器的安装接线等应严格按要求进行。

5) 日常发现有外壳或绝缘损坏的电器时,应尽快给予修理或更换,不接触绝缘损坏的通电电气设备。

6) 擦洗或更换电器元件(如白炽灯、荧光灯管)时,应断开电源。从插座上拿下插头时，应用手捏住插头垂直拔下，不要直接拉拽导线。

7）严禁乱拉临时线。如必须使用临时线时，应采取防止导线受损或漏电的保护措施。

8）对洗衣机、电风扇、电灶具、电热器具等家用电器，应接好地线，防止漏电伤人。

9）当有与电路连接的落地导线时，不要上前捡拾，也不要走近，而应断开电源开关，将其拉开。

10）当发现有人已触电并未脱离电源线时，严禁用手去拉触电者。

5. 保护接地

将电气设备正常不带电的金属外壳用导线与地面的接地装置连接起来，称为保护接地，如图1-4所示。当人体触及电气设备带电的金属外壳时，人体与保护接地装置的电阻并联，一般人体电阻为$40 \sim 100 \text{k}\Omega$，而接地电阻不大于$10\Omega$，由于人体的电阻很大，电流就流经接地装置形成回路，保护人体免受触电伤害。

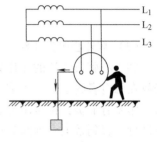

图1-4　保护接地

如果一台电动机的外壳没有采取保护接地措施，则当某一绕组的绝缘损坏且与机座发生"碰壳"时，电动机外壳就会带电，当人触及带电外壳时，电流通过人体到地，经分布电容与电源构成回路，发生触电事故。在电源中性点不直接接地的低压供电系统中，所有电气设备都应采取保护接地措施。

6. 保护接零

在三相四线制中性线直接接地电源系统中，将电气设备正常不带电的金属外壳与电源的零线连接，称为保护接零，如图1-5所示。

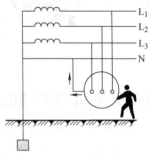

图1-5　保护接零

电器设备采用保护接零后，一旦电气设备某相绝缘损坏，外壳带电，立即使该相短路，触发该相熔断器或其他自动保护装置启动动作，从而切断电源，保护人体免受触电伤害。现在保护接零已经很少使用。

【知识链接2】 触电急救常识

1. 脱离电源

发生触电事故时，应尽快使触电者脱离电源，马上拉闸断电，或用带绝缘手柄的钢丝钳切断电源；在没有办法断开电源时，也可用干燥的木棒、竹竿等绝缘物将触电者身上的电源线拨开，严禁用手直接推拉触电者。

2. 紧急施救

当触电者脱离电源后，应将其移至通风干燥的地方，使触电者仰天平卧，松开衣服和腰带，检查瞳孔是否放大，呼吸和心跳是否存在。对失去知觉，有心跳无呼吸的触电者，应采用"口对口人工呼吸法"进行抢救；对有呼吸而无心跳者，应采用"胸外心脏按压法"进行抢救。

（1）口对口人工呼吸法

首先清除触电者口中的杂物，保持呼吸道通畅，然后紧捏触电者的鼻子，抢救者深吸气，贴紧触电者的口腔，对口吹气约 2s，然后放松触电者鼻子，使其自己呼气，时间约 3s。反复进行，按每次 5s 的节奏，直至触电者苏醒，如图 1-6 所示。

图 1-6　人工呼吸急救方法

（2）胸外心脏按压法

胸外心脏按压法的操作如图 1-7 所示，首先抢救者跪跨在触电者腰部两侧，右手掌位置安放在触电者胸上，左手掌压在右手掌上，向下挤压 3～4cm，然后突然放松，挤压与放松的动作要有节奏，挤压用力要适当，频率掌握在每分钟 120 次，不得低于每分钟 60 次。坚持进行，直到触电者苏醒为止。

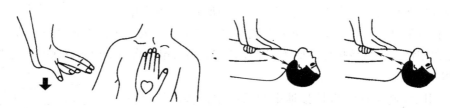

图 1-7　胸外心脏按压法

【知识链接 3】 节约用电

节约用电是指在满足生产、生活所必需的用电条件下，减少电能的消耗，提高用户的电能利用率和减少供电网络的电能损耗。现代生活中，电能已经成为我们日常生活必不可少的能源，洗衣机、电冰箱、电视机等家用电器使人们的生活丰富多彩，但我们也应该看到因此带来大量的电能消耗，因此日常生活中节约用电意义重大。

下面是总结出的一些常见的节电方法，更多的经验还请大家在日常生活和生产的实践中不断积累并应用。

1）正确选择导线截面积。电流通过时导线会发热，在相同的电流下，导线截面积越大，越不容易发热，线损就越小。当然，如果导线截面积选择过大，虽然线损小，但投资大，也没有必要。如果导线截面积选择过小，不但严重威胁用电安全，也会使线损大大增大。

2）合理布线。应避免迂回曲折布线，尤其是对大功率用电器具，更应注意，线路越长，电阻越大，线损也就越大。同样道理，电器（尤其是大功率电器）的电源引线截面积应足够大，长度宜短不宜长。

3）处理好导线连接头。导线接头连接不良，接触电阻就大，电流通过时容易发热，严重时甚至接头处发红，热量会从接头处损耗掉，而且还威胁用电安全。因此应尽可能避免导线有接头，当不可避免时，必须将接头连接紧密牢靠。

4）防止导线漏电。接头绝缘受潮、导线受潮或绝缘恶化，都会引起漏电。电流通过不良的绝缘介质泄漏到大地，造成电能损耗。

5）保证插头与插座有良好的接触。这一点对大功率用电器尤其重要，插头接触不良，不但使插头严重发热浪费电能，而且容易烧焦导线绝缘层和烧坏插头的绝缘层，引起事故。

6）应尽可能采用 LED 照明灯具。

7）没有必要时不要使用稳压器、变压器、调压器等设备，因为这些设备本身会消耗电能。

8）养成随手关灯、关闭各种用电器的良好习惯，做到"人走灯灭"。

【工作任务实施】制作安全用电、节约用电的宣传单

1. 任务目标

1）能正确使用电能，防止触电事故。

2）培养安全和节能环保意识，在生产生活中注意安全用电和节约用电。

2. 需准备的工具及材料

准备有关触电事故教学使用的课件、录像等。

3. 实施前知识准备

知道可能引起触电的原因，节约用电的注意事项。

4. 实施步骤

1）自愿分组。

2）搜集安全用电和节约用电的材料。

3）制作宣传单，并进行展示。

任务3　安全文明生产

【工作任务描述】

不论是在学校的电子技术实训室，还是以后进入企业，都应该养成良好的职业习惯，比如在工作前、工作后工具的清点，离开工作场所前的卫生打扫和关闭电源等，在电子技术实训中按照企业的"6S"标准管理，对学生养成良好职业习惯具有积极意义，安全文明生产既是工作顺利进行的保证，也是保证人身和设备安全的需要。

【知识链接1】安全生产

安全生产是指在生产过程中确保生产的产品、使用的工具、仪器设备和人身的安全。在生产过程中必须时刻牢记安全，尤其是从事与电相关的工作，会经常遇到用电安全问题。除了前面介绍的生活中的用电安全，在实训室以及工作场所的安全用电，还应注意以下几点。

1）在车间使用的局部照明灯、手提电动工具、高度低于 2.5m 的普通照明灯等，应尽量采用国家规定的 36V 的安全电压或更低的电压。

2）各种电气设备、电气装置、电动工具等，应安装好安全保护地线。

3）操作带电设备时，不得用手触摸带电部位，不得用手接触导电部位来判断是否

有电。

4）电气设备线路应由专业人员安装。发现电气设备有打火、冒烟或异味时，应迅速切断电源，请专业人员进行检修。

5）在非安全电压下作业时，应尽可能用单手操作，并应站在绝缘胶垫上。在调试高压设备时，地面应铺绝缘垫，操作人员应穿绝缘胶靴，戴绝缘胶手套，使用带绝缘柄的工具。

6）检修电气设备或电器用具时，必须切断电源。如果设备内有电容器，则所有电容器都必须充分放电，然后才能进行检修。

7）各种电气设备插头应经常保持完好无损，不用时应从插座上拔下，从插座上取下电线插头时，应握住插头，而不要拉电线。工作台上的插座应安装在不易碰撞的位置，若有损坏应及时修理或更换。

8）开关上的熔断器应符合规定的容量，不得用铜、铝线代替熔断器。

9）高温电气设备的电源线严禁采用塑料绝缘导线。

10）定期用绝缘电阻表对电气设备的绝缘电阻进行检测。

在企业的生产车间，经常会看到一些宣传安全文明生产的宣传画，如图1-8所示。提醒大家注意在生产过程中的规范操作和安全意识。

图1-8　安全文明生产的宣传画

【知识链接2】 文明生产

文明生产就是创造一个布局合理、整洁优美的生产和工作环境，人人养成遵守纪律和严格执行工艺操作规程的习惯。文明生产是保证产品质量和安全生产的必要条件。文明生产在一定程度上反映了企业的经营管理水平、职工的技术素质和精神面貌。文明生产包括以下几方面。

1）严格执行各项规章制度，认真贯彻工艺操作规程。

2）生产布局合理，有利于生产安排，且环境整洁、优美。

3）工艺操作标准化，班组生产有秩序。

4）工位器具齐全，物品堆放整齐。

5）保证工具、量具、设备的整洁。

6）工作场地整洁，生产环境协调。

7）服务好下一班或下一个工序。

企业对于文明生产都非常重视，通过制度来规范日常生产，把人、机、环境有效地统一协调起来，达到人、机、环境的和谐。

【知识链接3】6S管理的定义、目的、实施要领

6S现场管理法是一种现代企业管理模式，6S即整理、整顿、清扫、清洁、素养、安全。通过规范现场、现物，营造一目了然的工作环境，培养员工良好的工作习惯，其最终目的是提升人的品质，养成良好的工作习惯，去除马虎之心，凡事认真、遵守规定，自觉维护工作环境的整洁，并做到文明礼貌。

（1）1S—整理（SEIRI）

定义：将工作场所的东西区分为必要的与不必要的；在工作岗位上只放置适量的必要品，不必要的东西要尽快处理掉。

整理的目的是腾出空间，防止误用、误送，营造清爽的工作场所。比如在电子焊接过程中经常会产生一些剪掉的引脚、导线、焊锡的残渣等，如果滞留在工作台上，既占据了空间又阻碍生产，包括一些暂不使用的工夹具、量具、机器设备，如果不及时清除，会使现场变得凌乱。

（2）2S—整顿（SEITON）

定义：对整理之后留下来的必需品分门别类放置，排列整齐，明确数量，有效标志。

整顿的目的是使工作场所一目了然，创造整齐的工作环境，减少找寻物品的时间，消除过多的积压物品。

（3）3S—清扫（SEISO）

定义：将工作场所清扫干净，设备保养完好，创造一尘不染的工作环境。

清扫的目的是消除脏污，稳定品质，减少工业伤害。清扫就是使生产场所进入没有垃圾、没有污染的状态，尤其目前强调高品质、高附加价值产品的制造，更不容许有垃圾或灰尘的污染，造成品质不良。电子设备最怕灰尘的影响，所以要求每天都要打扫电子技术实训室。

（4）4S—清洁（SEIKETSU）

定义：也称规范，在整理、整顿、清扫之后要认真维护，使现场保持最佳状态，将上面的3S实施的做法制度化、规范化。

清洁的目的是维持上面3S的成果。

（5）5S—素养（SHITSUKE）

定义：通过各种手段，规范员工的工作，增强团队意识，使其养成严格遵守规章制度的良好习惯。

素养的目的是提升员工修养，培养良好素质，提升团队精神，实现员工的自我规范。

（6）6S—安全（SECURITY）

定义：贯彻安全第一、预防为主的方针，在生产、工作中，必须确保人身、设备、设施

的安全。

目的是保证安全生产，建立安全生产的环境。

6S管理的主旨是提升人的素质，创造人文环境，提高生产效率，消除浪费，实现企业利润最大化。

【工作任务实施】安全文明生产大检查

1. 任务描述

1）查找本组或其他组的安全隐患。

2）检查本组或其他组在工作中与文明生产要求不相符的情况。

2. 需准备的工具及材料

工作现场的工具、材料。

3. 实施前知识准备

了解6S管理和安全文明生产的具体要求。

4. 实施步骤

1）分组讨论。

2）查找安全隐患并记录。

3）按6S管理标准整改工作现场。

4）查找工作现场存在的问题并分组说明。

练习与思考题

1. 如果发现有人触电，应采取哪些措施？

2. 请查找相关资料，分析某一次触电事故的原因。

3. 触电对人体的危害与通过人体电流的 _____ 、_____ 、_____ 、_____ 有关。

4. 请同学查找电子技术实训室或自己家中存在哪些用电方面的安全隐患，并说明整改措施。

项目2 常用电子仪器仪表的使用

【学习目标】

1）了解指针式和数字式万用表的基本结构和功能。

2）能熟练使用指针式和数字式万用表测量电阻、电压、电流等。

3）能正确使用直流稳压电源、信号发生器及示波器等常用电子仪器仪表。

4）培养团队协作精神和耐心细致的职业习惯。

任务1 直流稳压电源和指针万用表的使用

【工作任务描述】

直流稳压电源和万用表都是电子电路中经常用到的仪器设备，前者为电子电路提供稳定的直流电压，是电子电路的重要组成部分，后者在测量交、直流电压或电流以及电阻等电路参数时都经常用到。直流稳压电源种类繁多，本任务以 WYIC－301A 型稳压电源为例学习直流稳压电源的使用方法，它具有双路单独输出、电压电流指示、短路及过电流保护等特点。万用表是一种多功能、多量程、便携式仪表。目前常见的有机械式指针万用表和电子显示的数字万用表。指针式万用表常用的有 MF－47、MF－500 等。本任务以 MF－47 型万用表为例，学习指针式万用表的使用方法。

【知识链接1】 直流稳压电源

1. 面板图

WYIC-301A 型稳压电源面板如图 2-1 所示。

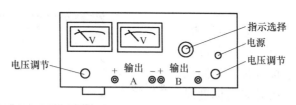

图 2-1　WYIC－301A 型稳压电源面板

2. 使用方法

（1）单独使用时

接通电源后，将"指示选择"旋钮置 A 档，调整 A 组"电压调节"旋钮，观察电压表指示，就可以在 A 组输出端得到所需要的电压。同样，将"指示选择"旋钮置 B 档，调整 B 组"电压调节"旋钮，观察电压表指示，就可以在 B 组输出端得到所需要的电压。

（2）当电路需要两组不同电压时

分别调好 A、B 两组电压，然后将 A、B 两组电压同时接入电路中。

（3）当需要正负电压时

调整好 A、B 两组电压，将 A 组的负端与 B 组的正端相接作为地端，那么 A 组的正端为正负电源的正端，B 组的负端为正负电源的负端。A 组和 B 组连接图如图 2-2 所示。

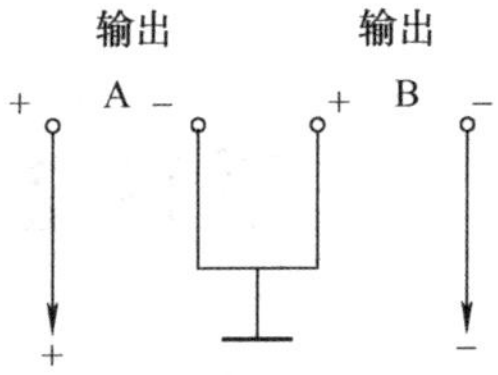

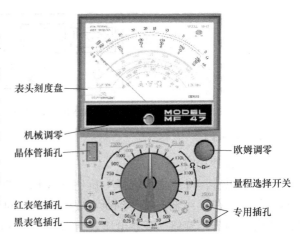

图 2-2　A 组和 B 组连接图

【知识链接 2】　指针万用表的基本结构

万用表是多用途、多量程仪表，可以测量直流电压、直流电流、交流电压、交流电流、电阻等。

MF-47 型万用表主要由外壳、表头、测量线路和转换开关等部分组成，其面板结构如图 2-3 所示。上部为表头与刻度盘，表头部分是显示测量数值的机构；测量线路的作用是把被测信号转化为表头显示的电信号；中间设有表针机械调零旋钮；中间右侧为欧姆调零旋钮；面板下部的档位转换开关是测量项目与量程的切换机构；转换开关左上方为"hFE"，是测试晶体管的引脚插座；面板的左下角各有两个插孔是表笔插孔，标有"－""COM"的是黑表笔插孔，另 3 个为红表笔插孔，其中"2500V"和"5A"（或 10A）分别为高压和大电流测量时的红表笔专用插孔。

1. 外壳

外壳对表头、测量线路、转换开关、电池等部分起固定支撑和保护作用，主要由面板和后盖组成。

（1）面板

除了上述介绍的面板上的各个部分外，在表盘和面板上还标有许多标志仪表指标和性能的符号，称为面板符号。

（2）后盖

MF-47 型万用表的后盖上设有电池盒的盖板。盒内装有两组电池，作为电阻等测量项目用电源，其中 1.5V 电池用于 $R \times 1$、$R \times 10$、$R \times 100$、$R \times 1k$ 档，9V 层压电池为 $R \times 10k$ 档供电。打开后盖还可以检查或更换熔断器。

2. 表头

表头选用高灵敏度的磁电系电流表。由于所有的测量合用一只表头，所以万用表的刻度盘都有多条标度尺，不同项目或档位的测量，分别从对应的标度尺上读取数据（测量结果）。如图 2-3 的上部所示，MF-47 型万用表的刻度盘有 6 条标度尺，如电阻测量标度尺，交流电压、直流电压及直流电流共用的测量标度尺等，刻度盘上还装有减小视差用的平面镜。

（1）标度尺的标度

MF-47 型万用表的 6 条标度尺中最

图 2-3　万用表面板各部分功能

（图中标注：表头刻度盘、机械调零、晶体管插孔、红表笔插孔、黑表笔插孔、欧姆调零、量程选择开关、专用插孔、MODEL MF 47）

上面一条标度尺为"Ω"标度尺，即电阻测量标度尺。这是一条非均匀标度尺，表针满偏标度为0（刻度盘右边的0，即"右0"），最大刻度值为∞（刻度盘左端的0，即"左0"处），标度具有"左密右疏"的特点，大刻度值不同，大刻度中的最小刻度值也不同。"Ω"标度尺上的数字，是按$R \times 1$档标注的，当选用$R \times 10$或$R \times 100$等量程时，应乘以相应的倍率。在电阻测量标度尺的中心刻度值附近，准确度最高，中心电阻值等于该量程的综合内阻。

从上向下数的第二条标度尺为电压（流）测量标度尺。交流电压、直流电压、直流电流3个项目的测量共用这条刻度均匀的标度尺，由3组数字做标度，用于不同量程的读数换算。

刻度盘下面的4条标度尺分别是晶体管直流放大系数、电容、电感、音频电平测量标度尺。

（2）标度尺的读法

每一条标度尺的刻度一般有3个层次，即最大刻度、大刻度和最小刻度。整条标尺满刻度为最大刻度，整条标尺又分为若干个大刻度，每个大刻度再分为若干个最小刻度，并用具体的数字标度出最大刻度值和每个大刻度值；最小刻度值由前两项刻度值折算得出，一般不再具体标度。要从标度尺上正确读取数据，首先要熟悉每条标度尺的标度：最大刻度值、大刻度值和最小刻度值。

指针在标度尺上指示的数值是指从"0"标度到指针所在位置的总刻度值，它是所有完整"大刻度值"、不足一个大刻度的所有完整的"最小刻度值"及不足一个最小刻度的"估读值"之和。

读取数据时要先按照量程选择合适的标度尺，然后读出大刻度的数值、再读出小刻度的数值，最后对不足最小刻度的指示值估读。则

$$读数 = （大刻度值 + 小刻度值 + 估读值）\times 倍率 \tag{2-1}$$
$$倍率 = 量程/最大刻度值 \tag{2-2}$$

估读要求是估读最小刻度下的一位数。估读方法是按照"刻度值均分"的原则计算出最小刻度的值，如果刻度均匀，按照指针的位置估计出百分比，如果刻度不均匀，根据不均匀趋势，做相应的缩小和扩大。

【例2-1】如图2-4所示，分别读出$R \times 1$、$R \times 100$档时指针指示的数值。

（1）置$R \times 1$档时

$$读数 = （大刻度值 + 小刻度值 + 估读值）\times 倍率$$
$$= （15 + 0 + 0.8）\times 1\Omega = 15.8\Omega$$

（2）置$R \times 100$档时

$$读数 = （15 + 0 + 0.8）\times 100\Omega = 1.58k\Omega$$

3. 测量线路

测量线路是万用表所有测量电路的综合，其中有测量交、直流电压的"电压表"电路，测量直流电流的"电流表"电路，测量电阻的"欧姆表"电路和测量其他参数的电路。

4. 档位转换开关

档位转换开关是用来切换测量线路的装置。实现测量项目和量程档位的选择。机械式万用表的转换开关是由多个固定触点（俗称"位"或"掷"）和可动触点（称为"刀"）组成

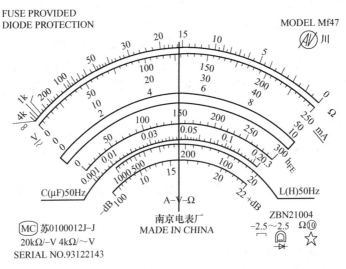

图 2-4　万用表读数

的，当转动转换开关上的旋钮时，各个"刀"跟着同步旋转，当停在某一位置（档位）时，各个"刀"分别与对应的"掷"闭合，使对应的电路与表头、输入端插孔、表笔接通，组成了与这个档位量程对应的测量电路。改变"刀"的位置，就切换了与之相连的测量电路，通过改变档位，来实现测量项目和量程的切换。转换开关的"刀"和"掷"接触应当紧密可靠、导电良好、定位准确，由于结构不同，万用表通常采用一个或两个转换开关，MF－47型万用表采用一只3"刀"24"掷"转换开关，可以进行8个测量项目、30个量程的选择，万用表面板各部分功能如图2-3所示。

注意事项

1. 转换开关拨动后，不允许停留在两个档位之间，档位一旦确定，稍用力转动，不应产生松动感，以免发生乱档。换档时"刀""掷"通断响声干脆，拨动时手感松紧适度，有弹性。

2. 切换档位时，万用表一定要脱离被测电路，以免电弧烧损转换开关的触点或过电流烧坏万用表的电路与表头。

【知识链接3】指针万用表的使用方法

万用表是一种使用频繁的仪表，在使用过程中要不断地切换档位，稍有疏忽，就会出现误操作，轻则造成测量错误、严重时会打弯表针、甚至烧毁电路或表头。因此，必须熟练掌握万用表的使用方法。

1. 测量前的准备

（1）熟悉万用表

通过阅读使用说明书、观察万用表的结构，熟悉万用表的技术性能、面板符号含义、标度尺标度特点、转换开关档位、旋钮插孔分布等，为合理选择和正确使用万用表做好准备。

（2）预操作

电参数测量前的几项主要预操作是：放表、插笔、选档、调零。

1）放表是按技术要求摆放万用表，如"冂"为水平放置，位置要合适、以便读表。

2）插笔是根据档位的选择，将黑表笔、红表笔插入对应的"－""＋"插孔中。

3）选档是按测量要求，将选择转换开关置合适的档位，其中包括测量项目和量程两项选择。测量项目（如电压、电流、电阻）的选择要正确无误，以免出现测量错误、打弯表针、烧坏万用表等事故；量程选择要合适，应使指针处于标度尺的中心值附近或最大刻度值（表头的满偏电流）的1/2～2/3内，指针尽可能地偏向最大值可以提高测量的准确度。

量程档位选择要根据被测量的大小来确定。通常，被测量的大小在测量前是不知道的，应先估选量程的大小，估选时，先将万用表的一只表笔接入被测电路的一个测量点，用另一只表笔去"触擦"被测电路的另一测量点。"触擦"动作要快，以免流过表头的电流过大损坏万用表。"触擦"的同时，观察表针的摆动趋势，若摆动趋势微弱，说明量程偏大，应切换小一档量程，再重复上述"触擦"操作；"触擦"时，若摆动迅猛，说明量程偏小，应切换大一档量程；若在最大一档量程"触擦"时，表针的摆动趋势仍然非常迅猛，说明此表量程量限偏小，应更换万用表；若"触擦"时，表针向反方向摆动，说明万用表的极性接反，应对调两表笔的测量点。"触擦"操作一般应从最大量程开始，从大到小，逐级"触擦"，直到量程合适为止。

4）调零是指调整万用表指针使指示为零的操作。"调零"操作分机械调零和欧姆调零。机械调零是在万用表未接入工作电路之前，检查表头指针是否指示在标度尺左端的"0"标度（"左零"）值上，若不指零，则调整机械调零旋钮，使指针指在"左零"处；欧姆调零是指在测量电阻之前，将黑、红表笔短接（此时，被测电阻 $R_x = 0$），检查表针是否指示在 Ω 标度尺右端的 0 标度（"右零"）值上，若不指零，则调整欧姆调零旋钮，使指针指在"右零"处。

2. 参数测量

（1）测量的一般步骤

用万用表进行测量的一般步骤为：核档、调零、接表、读表。

1）核档是核对万用表的转换开关的档位是否合适，一要核对测量项目（电压、电流、电阻等）是否正确，以免出现误操作，损坏电表；二是核对所选量程是否合适（表针指在中心值附近或最大刻度值的1/2～2/3处），若量程量限偏大，会使读数不准，若量程量限偏小，可能打弯表针或烧坏万用表。重新"选档"时，万用表不能带电操作。

2）调零指有些测量项目，如电阻测量，切换量程后要及时进行调零。

3）接表是将万用表的两只表笔接入被测电路，红表笔接高电位，黑表笔接低电位。即电流从红表笔流入，从黑表笔流出万用表。

4）读表是从标度尺上读取被测参数的测量值，待表针停稳后，根据表针在标度尺上的位置，进行倍率换算，并读取数据。"读表"时，眼睛的视线要和刻度盘上的平面镜垂直，使表针与平面镜里的影像重合。

（2）基本电参数测量

1）直流电流的测量。

核档：核对转换开关是否在"mA"档的合适量程上。

接表：万用表和被测电路串联，电流从红表笔流入，从黑表笔流出万用表。

读表：用"V"和"mA"标度尺。

用 MF‑47 型万用表测 5A 电流时，转换开关置于 500mA 量程上，红表笔插 5A 插孔。

2）直流电压的测量。

核档：核对转换开关是否在"V"的合适档位上

接表：万用表和被测电路并联，红表笔接高电位，黑表笔接低电位。

读表：用"V"和"mA"标度尺。

用 MF‑47 型万用表测 2500V 电压时，转换开关置于 1000V 量程上，红表笔插 2500V 插孔。

3）交流电压的测量。

核档：核对转换开关是否在"ACV"的合适档位上。

接表：万用表和被测电路并联，表笔不分"+""−"。

读表：用"ACV"和"mA"标度尺。

用 MF‑47 型万用表测 2500V 电压时，转换开关置于 1000V 量程上，红表笔插 2500V 插孔。

注意养成单手持表笔的习惯，避免人体和高电压并联引起触电事故。

4）电阻的测量。

核档：转换开关应在"Ω"的合适档位上。

调右零：测量电阻时，要用干电池做电源，干电池的端电压随使用时间增长而下降，使工作电流逐渐减小，因此，万用表指针一般不指零位。所以，测量电阻前，或欧姆档切换量程后，均须及时进行"调右零"。如果"调零"操作不能使指针指零，说明干电池电压不足，应更换新电池，特别是 1.5V 电池更应及时更换。

接表：将被测电阻接入两表笔之间，被测电阻不得带电（要从工作电路上拆下），不得与其他导体并联，用手持电阻测量时，人手不得同时触及两个表笔的探针，在电阻测量的间断时间内，表笔的探针不得长时间处于相碰状态，以免消耗干电池的能量。

读表：用"Ω"标度尺。应使表头指针指在"Ω"标度尺中心标度附近。

5）晶体管直流放大系数的测量。

核档：核对转换开关是否在"ADJ"档位上。

仿欧姆"调零"操作，使表头指针指在"hFE"标度尺右端的 300 标度上。

插管：按晶体管管型（NPN 或 PNP），将引脚插入对应的引脚插孔 e、b、c 中。

读表：将转换开关转到"hFE"档位，直接从"hFE"标尺上读取放大系数。

3. 测量结束

测量结束后，使万用表脱离被测电路，将转换开关置于交流电压的最高量程上。注意较长时间不用的万用表，应将干电池取出保存，以免电池的电解液溢出，腐蚀损伤万用表。

【工作任务实施】使用指针万用表测量电阻、电压和电流

1. 任务目标

1）理解指针万用表档位的选择方法。

2）熟悉使用万用表测量电阻、电压、电流等的步骤。

3）掌握指针万用表机械调零和电气调零的方法。

4）掌握指针万用表的读数方法。

2. 学生知识准备

能准确辨认万用表的档位，会调零，会读数。

3. 工具及材料

指针式万用表一只，直流稳压电源一台，电阻若干、干电池。

4. 任务的实施

1）练习读数方法。

出示万用表测量刻度值，如图 2-5 所示，请学生分别进行读数。

图 2-5　万用表测量刻度值

2）电阻的测量。

各组发放电阻。练习使用万用表测量各电阻的阻值，并记录到表 2-1 中。

表 2-1　电阻值的测量

电阻	R_1	R_2	R_3	R_4
标称值				
测量值				
万用表档位				
误差				

测量电阻的操作要领

1. 在换档后测量前要进行调零。

2. 电阻的测量必须在电源断开，且无其他并联支路的情况下进行。

3. 被测电阻的阻值等于标度尺上的读数乘以旋钮所指的倍数。

3）直流电压的测量。

各组发放干电池或使用直流稳压电源，测量直流电压值，并记录。

4）直流电流的测量。

取 1kΩ 的电阻作为被测元件，按图 2-6 接好电路。

经教师检查无误后，打开电源开关，依次调节直流稳压电源的输出电压分别为 0V、2V、4V、6V、8V，测量对应的各直流电流值，读数并记录到表 2-2 中。

图 2-6 直流电流的测量电路

表 2-2 伏安特性曲线的测量

电压 U/V	0	2	4	6	8
电流 I/A					
电阻 R					

5）根据上一步的实验数据，求出电阻的阻值，并绘制线性电阻的伏安特性曲线。

任务 2　数字万用表的使用

【工作任务描述】

数字万用表能直接用液晶屏数字显示测量数值，具有测试功能多、准确度高、测量速度快、过载能力强、输入阻抗大、功耗低、读数方便等特点。尤其在测量二极管、晶体管时非常快捷，随着价格的降低，数字式万用表得到了大量应用。本任务以 DT-9205 型万用表为例，学习数字万用表的使用方法，用数字万用表测试直流电压、直流电流、交流电压、交流电流、电阻、电容和晶体管放大倍数等。

【知识链接】数字万用表

数字万用表也称数字多用表（Digital Multi-Meter，DMM），是电子设备装调工作人员及电子爱好者必备的电子测量仪表。数字万用表的种类很多，但基本组成与测量原理是相同的，其中 DT-9205 是一款基本功能完善、价格低廉、便于安装与调试，性价比较高的数字万用表。

1. 面板结构

DT-9205 数字万用表外形和各部位名称如图 2-7 所示。

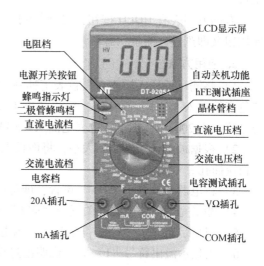

图 2-7　DT-9205 数字万用表外形和各部位名称

1）电源开关按钮 ON、OFF：拨到 ON 则开机，拨到 OFF 则关机。长时间不使用时，万用表将自动关机。

2）LCD 显示屏：用于显示被测量与标志符，最大显示 1999 或 –1999，有自动调零及极性显示功能。

3）Ω 档（电阻档）：将量程开关置于电阻档的不同档位时，便可测量相应档位的电阻值，如 200Ω、2kΩ、20kΩ、200kΩ、2000kΩ 等。

4）V ═ 直流电压档：用于测量直流电压。将量程开关置于该档的不同档位时，便可测量相应量程的直流电压，如 200mV、2V、20V、200V、1000V；输入阻抗 10MΩ。

5）A ═ 直流电流档：用于测量直流电流。将量程开关置于该档的不同档位时，便可测量相应量程的直流电流，如 2mA、20mA、200mA、20A 等，满量程仪表电压降为 250mV。

6）V～交流电压档：用于测量交流电压。将量程开关置于该档的不同档位时，便可测量相应量程的交流电压，如 200mV、2V、20V、200V；输入阻抗 10MΩ，并联电容小于 100pF。

7）A～交流电流档：用于测量交流电流。将量程开关置于该档的不同档位时，便可测量相应量程的交流电流，如 2mA、20mA、200mA、20A，满量程仪表电压降为 250mV。

8）F 电容档：用于测量电容器容量。测量时，要根据被测电容器容量的大小，将量程开关置于相应的量程，将电容器的两引线插入 "CX" 插孔中。

9）▷⊢·))) 二极管及蜂鸣器档：将量程开关置于二极管及蜂鸣器档位时，就可以测量二极管的正向电压 V_F（电压单位为 mV）或作通断路检测。

10）hFE 测试插座：用于测量 NPN、PNP 晶体管的直流放大倍数（系数）。测量时将量程开关量于 hFE 档位，并且将晶体管的各极插入相应的孔座中进行测量。

11）VΩ 插孔、COM 插孔：测量电压、电阻时，将红表笔插入 VΩ 插孔，同时将黑表笔插入 COM 插孔。

12）mA 插孔：测量 0.2A 以下电流时，将红表笔插入此插孔，同时将黑表笔插入 COM 插孔。

13）20A 插孔：测量 0.2A 以上 20A 以下电流时，将红表笔插入此插孔，同时将黑表笔插入 COM 插孔。

14）CX 电容测试插孔：先将电容短接放电后，量程开关置于电容档 F 的合适档位后，将电容插入 CX 这两个测试插孔中，测量出来的是电容容量。

15）hFE 晶体管档：将量程开关置于 hFE 晶体管档时，根据晶体管的管型，将基极、集电极、发射极分别插入对应的 hFE 测试引脚 B、C、E 中，则测量值为晶体管的电流放大系数。

有的万用表有 HOLD 按钮，是保持测量值按钮。按下此按钮即可将测量值保持，释放此按钮又即刻进入测量状态。

2. 使用方法

1）将测试棒插入插座：黑色表笔插在"COM"插座中，固定不变。测电阻和电压时，红色表笔插入"VΩ"插孔中。在测试小于 200mA 电流时，红色表笔插入"mA"插孔里；若电流大于 200mA，则将红色表笔插入"10A"插孔中。

2）根据被测量的性质和大小，将面板上的转换开关置于合适位置。测晶体管时将其插入相应插孔。

3）将电源开关置于"ON"位置，即可用表笔进行测试。

4）测试完毕，将电源开关置于"OFF"位置。

5）当显示器显示"←"符号时，表示电池电压低于 9V，需更换新电池。

6）当显示溢出符号"1"时，说明已过载，应更换高一级的量程，再重新进行测量。

【工作任务实施】使用数字万用表测量电阻、电压和电流

1. 任务目的

1）练习使用数字万用表。

2）认识数字万用表的面板上各部分的作用。

3）用数字万用表测量电阻、电压、电流等。

2. 需准备的工具及材料

数字万用表，直流稳压电源或干电池，电阻、电容、二极管、晶体管若干。

3. 实施前知识准备

数字万用表档位的选择，数字万用表使用的注意事项。

图 2-8　数字万用表测量电阻

4. 实施步骤

1）发放数字式万用表及各种元器件，将表笔插入相应的插孔内，调整量程开关到所需的档位，准备测量。

2）测量电阻，如图 2-8 所示，并将数据记录在表 2-3 中。

表 2-3　用数字万用表测量电阻值

电阻	R_1	R_2	R_3	R_4
测量值				
标称值				
误差				

3）直流电压的测量。

用 WYIC – 301A 稳压电源产生一组正负 12V 的电源，并用数字万用表校准其输出电压。或用数字万用表测量干电池电压，如图 2-9 所示。

① 将红表笔插入_____插孔中，黑表笔插入____插孔中。

② 将量程开关置于_____档位上。

③ 将万用表的电源开关置于_____，即可进行测量。

④ 红表笔接电源的____极，黑表笔接电源的_____极。

⑤ 读出显示屏上的显示数，即为被测电压值。

4）交流电压的测量。

如图 2-10 所示，测量交流电源插座的电压。

① 将红表笔插入____插孔中，黑表笔插入_____插孔中。

② 量程开关置于_____档位上。

③ 将万用表的电源开关置于_____即可进行测量。

④ 读出显示屏上的显示数（单位为 V），即为被测电压值_____。

5）直流电流的测量。

万用表直流电流挡用于测量电子电路的直流工作电流，先要将被测电路断开，然后将万用表串联到电路中，红表笔接正极，黑表笔接负极，操作方法如图 2-11 所示。

① 连接电路，将量程开关置于____的合适档位上。

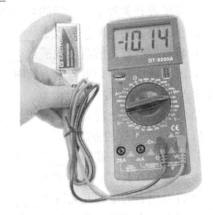

图 2-9　数字万用表测量直流电压

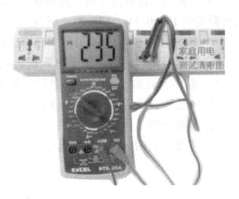

图 2-10　数字万用表测量交流电源插座的电压

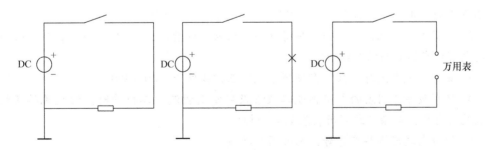

图 2-11　数字万用表测量直流电流

② 将红表笔一端插入____插孔中，黑表笔的一端插入____插孔中。

③ 将万用表的电源开关置于____。

④ 将万用表____联入被测电路，即可进行测量。

⑤ 读出显示屏上的显示数（单位为 mA），即为被测电流值。

6）电容器测量方法。

测量电解电容器之前，一定要将电容放电，即拆下电容后将电容两端短路。并观察电容器上标注的电容量，以便选择合适的档位。

① 将量程开关置于____档的合适档位上。

② 将万用表的电源开关置于____。

③ 将被测电容器的两引线插入____插孔中，即可进行测量。

④ 若被测电容器是电解电容器时，测量前必须先将电解电容器作____处理，然后将两引线插入 "CX" 插孔中进行测量。

⑤ 读出显示屏上的显示数（单位为 μF），即为被测电解电容器的容量值。

7）测量二极管的方法。

① 将红表笔的一端插入____插孔中，黑表笔的一端插入 COM 插孔中。

② 将量程开关置于____档位上。

③ 将万用表的电源开关置于____。

④ 将万用表的红表笔的另一端接被测二极管的正极，黑表笔的另一端接被测二极管的负极，此时显示屏上显示的就是被测二极管的正向压降 V_F（电压单位为 mV）。

⑤ 若被测二极管的正向压降为 0.5～0.7V，则被测二极管为硅二极管；若被测二极管的正向压降为 0.15～0.3V，则被测二极管为锗二极管；若显示屏上显示的是 "000"，同时蜂鸣器发出 "嘀嘀" 的响声，表明被测二极管已短路；若显示溢出符号 "1"，则被测二极管开路。

⑥ 若将万用表的红、黑表笔调换再测时，硅二极管与锗二极管均显示溢出符号 "1"。

8）晶体管直流放大倍数（系数）的测量。

① 将量程开关置于____档位上。

② 注意被测晶体管的类型并将各电极插入相应的插孔。

③ 将万用表的电源开关置于____，即可进行测量。

④ 读出显示屏上的显示数，即为被测晶体管的 hFE 值。

数字万用表的操作要领

1. 测量电压或电流时，要选择合适的量程，如果无法估计被测值的大小，则选择最高量程进行测量，然后再根据情况逐渐更换到适合的量程。

2. 测量电解电容器时，必须先将电解电容器放电后再进行测量，即用螺钉旋具的杆将电解电容器的两根引线短路。

3. 测量交流电流时，只能直接测量低频正弦波信号（40～400Hz）。

4. 使用数字万用表的电阻档或二极管及蜂鸣器档测量二极管时，红表笔接正极，黑表笔接负极，与指针式万用表表笔接法相反。

5. 检查表笔绝缘层应完好，无破损和断线。

6. 红、黑表笔应插在符合测量要求的插孔内，保证接触良好。

7. 输入信号不允许超过规定的极限值，以防电击和损坏仪表

8. 严禁量程开关在电压测量或电流测量过程中改变档位，以防损坏仪表。

9. 必须用同类型规格的熔断器更换损坏的熔断器。

任务3　信号发生器、晶体管毫伏表和示波器的使用

【工作任务描述】

低频信号发生器种类很多，常见的有 XD－2、XD－22 和目前广泛使用的 EM 系列，其基本功能是产生幅度和频率都可调的低频正弦信号，是一种应用广泛的基本电子仪器。晶体管毫伏表用于测量电子电路中毫伏级的小电流，测量准确、使用方便。示波器主要用于信号波形的观测。示波器有很多种类型，按测量的频率分有高频和低频示波器，按显示信号的数量分有单踪和双踪示波器。本任务以双踪 YB4340 示波器为例，学习怎样用示波器观察信号的波形，并测量相关参数。

【知识链接1】　XD－2 型低频信号发生器

XD－2 型低频信号发生器能产生频率 1Hz～1MHz 幅度可调的正弦波信号，分为 6 个波段，最大输出电压为 5V。

1. 面板结构

XD-2 型低频信号发生器面板如图 2-12 所示。

图 2-12　XD-2 面板结构

2. 使用方法

1）接通电源，预加热 20min。

2）频率调节与指示：根据所需频率，将"频率范围"旋钮旋至所需频段，再将"频率调节"3 个旋钮（×1，×0.1，×0.01）旋至所需频率，输出信号的频率可由这 4 个旋钮所示位置直接读出。例如，要输出 2.5kHz 的信号，先将频率范围旋钮置于 1～10kHz 范围档，然后分别将"频率调节"3 个旋钮（×1，×0.1，×0.01）置于 2，5，0 档。

3）幅度调节与指示：调节"输出细调"旋钮（细衰减器）使面板上电压表指示在某一数值上（电压表满刻度为 5V），同时将"输出衰减"旋钮（粗衰减器）置于某档位置。这时输出电压幅度等于电压表指示数值除以"输出衰减"旋钮指示的分贝数换算成的电压衰减倍数。例如，要输出 40mV 的信号，先调整"输出细调"旋钮使表头指示为 4V，再调节"输出衰减"旋钮为 40dB（100 倍）。

4）输出信号由"输出"插座输出。一般需要使用屏蔽导线，"输出"接地端与导线的屏蔽层相连接。

【知识链接 2】 DF2172B 型双通道交流毫伏表

DF2172B 型双通道交流毫伏表由两组相同而又独立的线路和单指针表头组成，可以同时在同一表头上指示两路正弦波电压的有效值；相当于两个高灵敏度晶体管毫伏表。它测量的电压范围为：$100\mu V \sim 300V$，量程共分 12 档，测量电压的频率范围为 $10Hz \sim 2MHz$。

1. 面板结构

DF2172B 型双通道交流毫伏表面板结构如图 2-13 所示。

2. 使用方法

1）通电前，进行机械零点调节，调节表头上的调零螺钉，使表头指针在零点，并将量程开关置于 300V 档。

2）接通电源后，电表的指针摆动数次是正常的，稳定后即可测量。

3）测量时，将仪表量程置于所需的测量范围，若测量电压未知时，应将测量开关置于最大档，然后逐级减少量程，直至电表指示大于 1/3 满度值时读数，以减少示值相对误差。当量程置于 "300V，30V，3V，…" 档位时，则看第二行刻度，当量程置于 "100V，10V，1V，…" 档位时，则看第一行刻度。

图 2-13　DF2172B 型双通道交流毫伏表面板

4）由于 DF2172B 为双通道单表头，所以用波段开关 "SELECT" 来切换两通道的指示值。

5）DF2172B 型双通道交流毫伏表的接地端，应与被测电路有公共的接地点。所以在测试电路中任意两点 A、B 之间的电位差 V_{AB} 时，要分别测出 A、B 两点的对地电压 V_A 和 V_B 才能求出 $V_{AB} = V_A - V_B$。

6）若要测量市电或高电压时，输入端黑柄鱼夹必须接中性线端或地端。

3. 使用注意事项

1）切勿使用低电压档测试高电压，否则可能损坏仪表。

2）使用仪表的毫伏档测试低电压时，应先接入地线，而后再接入另两根测试线。测试完毕以相反顺序取下，以免引入干扰，使指针急速打向满度，造成仪表损坏。

3）测试时仪器地线应与被测电路地线接在一起，以免引入干扰电压，使用连线宜短，最好使用屏蔽导线。

4）用 DF2172B 型双通道交流毫伏表测试市电时，量程转换开关应置于 300V 档，然后将仪表地线接上市电零线，将另一端接市电相线，若接反了，可能损坏仪表。

5）非正弦电压不宜用 DF2172B 型双通道交流毫伏表进行测试。

【知识链接 3】 示波器

YB4340 示波器是一种 40MHz 的双踪示波器，具有频率范围广、灵敏度高、6in 大屏幕、TV 同步、自动聚焦、触发锁定等特点，适合于进行各种信号的测量。垂直系统参数包括：

● CH1 和 CH2 的灵敏度：5mV/div ~ 5V/div，共 10 档（×5 扩展后为：1mV/div ~ 1V/div）。

- 频带宽度：DC：DC ~ 40MHz（×5 扩展后为：DC ~ 7MHz），
  AC：10Hz ~ 40MHz（×5 扩展后为：10Hz ~ 7MHz）。
- 最大输入电压：300V（DC + AC 峰值）。
- 水平系统扫描方式：×1，×5；×1，×5 交替。
- 扫描时间：（0.1μs/div ~ 0.2s/div）共 20 档。

1. 面板和面板控制键作用说明

YB4340 示波器面板如图 2-14 所示。

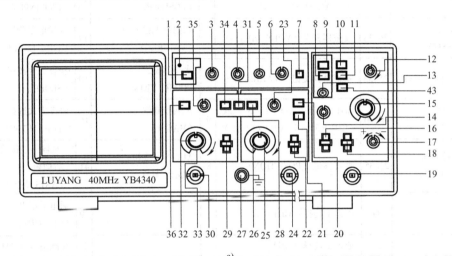

a)

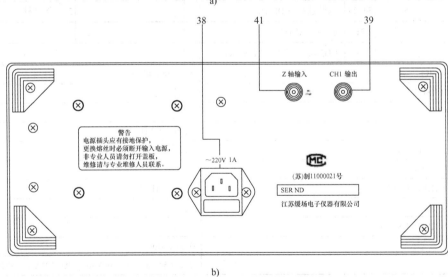

b)

图 2-14　YB4340 示波器面板

a）控制键　b）后面板

2. 基本操作方法

1）打开电源开关前先检查输入的电压，将电源线插入后面板上的交流插孔。如表 2-4 所示设定各个控制键。

表 2-4 面板和面板控制键作用说明表

	电源相关键		垂直方向键		水平方向键		触发键（TRIG）
38	交流电源插座，该插座下端装有熔断器	30	通道 1 输入端 {CH1 INPUT（X）}	15	扫描时间因数选择开关（TIME/DIV）	18	触发源选择开关（SOURCE）
1	电源开关（POWER）	24	通道 2 输入端 {CH2 INPUT（Y）}	11	X-Y 控制键	43	交替触发（ALTTRIG）
2	电源指示灯	22/29	交流-接地-直流耦合选择开关（AC－GND－DC）	23	通道 2 垂直移位键（POSITION）	19	外触发输入插座（EXT INPUT）
3	亮度旋钮（INTEN－SITY）	26/33	衰减器开关（VOLT/DIV）	12	扫描微调控制键（VARIBLE）	17	触发电平旋钮（TRIG LEVEL）
4	聚焦旋钮（FOCUS）	25/32	垂直微调旋钮（VARIBLE）	14	水平移位（POSI－TION）	10	触发极性按钮（SLOPE）
5	光迹旋转旋钮（TRACE ROTATION）	20/36	CH1×5 扩展，CH2×5 扩展（CH1×5MAX、CH2×5MAG）	9	扩展控制键（MAG×5）	16	触发方式选择（TRIG MODE）
6	刻度照明控制钮（SCALE ILLUM）	23/35	垂直移位（POSI-TION）	8	ALT 扩展按钮（ALT－MAG）	41	Z 轴输入连接器（后面板）（ZAXIS INPUT）
		34	通道 1 选择（CH1）			39	通道 1 输出（CH1 OUT）
		28	通道 2 选择（CH2）			7	校准信号（CAL）
		34/28	双踪选择（DUAL）			27	接地柱
		31	叠加（ADD）				
		21	CH2 极性开关（IN-VERT）				

电源（POWER）	电源开关键弹出
亮度（INTENSITY）	顺时针方向旋转
聚焦（FOCUS）	中间
AC－GND－DC	接地（GND）
垂直移位（POSITION）	中间（×5）扩展键弹出
垂直工作方式（MODE）	CH1
触发方式（TRIG MODE）	自动（AUTO）
触发源（SOURCE）	内（INT）
触发电平（TRIG LEVEL）	中间
TIME/DIV	0.5ms/div
水平位置	×1（5MAG）（×10MAG）ALT MAG 均弹出

2）所有的控制键设定后，打开电源。当亮度旋钮顺时针方向旋转时，轨迹大约在 15s 后出现。调节聚焦旋钮直到轨迹最清晰。如果电源打开后却不用示波器，将亮度旋钮逆时针方向旋转以减弱亮度。

> **注意：**
> 一般情况下，将下列微调控制钮设定到"核准"位置。

VOLT/DIV　VAR：顺时针方向旋转到底，以便读取电压选择旋钮指示的 V/div 上的数值。

time/div VAR：顺时针方向旋转到底，以便读取扫描选择旋钮指示的 time /div 上的数值。改变 CH1 移位旋钮，将扫描线设定到屏幕的中间。如果光迹在水平方向略微倾斜，调节前面板上的光迹旋钮与水平刻度线相平行。

3）一般检查。

① 屏幕上显示信号波形。

如果选择 CH1，设定如下控制键：

·垂直方式开关——CH1。

·触发方式开关——AUTO。

·触发源开关——INT。

完成这些设定之后，频率高于 20Hz 的大多数重复信号可通过调节触发电平旋钮进行同步。由于触发方式为自动，即使没有信号，屏幕上也会出现光迹。如果"AC－GND－DC"开关设定为 DC 时，直流电压即可显示。

如果 CH1 上有低于 20Hz 的信号，必须作下列改变。

·触发方式开关——常态（NORM）。

·调节触发电平控制键以与信号同步。

如果使用 CH2 输入，设定下列开关。

·Y 轴方式开关—— CH2。

·触发源开关——CH2。

② 观察两个波形。

将垂直工作方式设定为双踪（DUAL），这时可以很方便地显示两个波形，如果改变了 time/div 范围，系统会自动选择交替或连续方式。

如果要测量相位差，带有超前相位的信号应该是触发信号。

③ 显示 X－Y 图形。

当按下 X－Y 开关时，示波器 CH1 为 X 轴输入，CH2 为 Y 轴输入，垂直方式 ×5 扩展开关断开（弹出状态）。

④ 叠加的使用。

当垂直工作方式开关设定为 ADD（叠加）时，可显示两个波形的代数和。

3. 信号测量方法

测量的第一步是将信号输入到示波器通道输入端。

（1）使用探头

在测量高频信号，必须将探头衰减开关置于 ×10 位置，此时输入信号缩小到原值的 1/10，但在测试低频小信号时可将探头衰减开关置于 ×1 位置。但是，在大幅度信号的情况下，将探头衰减开关置于 ×10 其测量的范围也相应地扩大。

注意：

1）输入不可超过 400V（DC ＋ AC 峰－峰值 1kHz）的信号。

2）如果要测量波形的快速上升时向或是高频信号，必须将探头的接地接在被测量点附近。否则可能会引起波形失真，如阻尼大或过冲。

3）当探头衰减开关置于×10信号时，实际的V/div值为显示值的10倍。例如，如果V/div为50mV/div，那么实际值为50mV/div×10 = 500mV/div。

4）为避免测量误差，测量前必须对探头进行补偿电容校准。

（2）直接连接

如果未用探头直接连接到示波器上，可采取下列措施以减小测量误差。

1）如果要测量的电路是低电阻，大幅度的，又未采用屏蔽线作为输入线，则必须采取屏蔽措施。因为在很多情况下，测量误差会因为由于各种干扰耦合到输入线中，即使在低频时，这种误差也不可忽视。

2）如果用了屏蔽线，连接接地线的一端到示波器的接地端，另一端接到被测量电路的接地端，并需要使用一个BNC型同轴电缆线作为输入线。

3）如果观察到的波形具有快速上升时间或所测信号是高频信号时，需要连接一个50Ω的终端电阻到电缆线的末端。

4）在一些情况下，要求测试的电路需要一个50Ω的终端匹配器以完成正常的工作。

5）如果使用一根很长的屏蔽线进行测量，必须考虑到寄生电容。一般地，屏蔽线电容大约是每米100pF，对被测电路的影响不可忽视。探头的使用会减少分布电容对被测电路的影响。

4. 测试步骤

（1）测量直流电压

设定"AC - GND - DC"开关至⊥，将零电平定位到屏幕上的最佳位置。这个最佳位置不一定在屏幕的中心。将V/div设定到合适的位置，然后将"AC - GND - DC"开关置于DC。直流信号将会产生偏移，DC电压可通过刻度的总数乘以V/div值的偏移后得到。例如，在图2-15a中，如果V/div是50mV/div，计算值为50mV/div×4.2div = 210mV。当然，如果探头为10∶1，实际的信号值就是50mV/div×4.2div×10 = 2100mV = 2.1V。

（2）交流电压的测量

与测量直流电压一样，将零电平设定到屏幕任一方便的位置。在图2-15b中，如果V/div为1V/div，计算方法为：$V_{P-P} = 1V/div×6div = 6V$。当然，如果探头为10∶1，实际值为60V。如果AC信号被重叠在一个高直流电压上，AC部分可将"AC - GND - DC"开关置于AC来测量。这将隔开信号的直流部分，仅耦合交流部分。

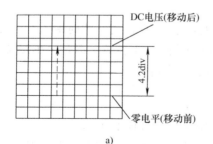
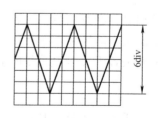

a)   b)

图2-15　测量波形图

（3）频率和时间的测量

以图 2-16 为例，一个周期是自 A 点到 B 点，在屏幕上为 4div。假设扫描时间为 1ms/div，周期则为 1ms/div × 4.0div = 4.0ms，由此可知，频率为 1/4ms = 250Hz。

如果运用 ×5 扩展，那么 time/div 即为指示值的 1/5。

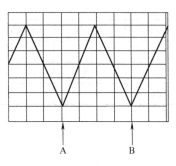

图 2-16　测量波形图

（4）测量两个通道时的波形

1）如果 CH1 和 CH2 信号有同步的相互关系，或者两个信号频率之间有特定的时间关系，例如，恒定的比例，则应将触发信号源开关设定到 INT。如果 CH2 信号时间被检测出与 CH1 信号有关，将触发源开关设定到 INT；如果情形相反，则将触发源开关设定到 CH2。

2）假如被观察的信号没有同步的相互关系，可将 TRIG 信号源开关置于 INT 并将 ALT – TRIG 键按下，触发信号随系统交替变换，因此两个通道波形都能稳定同步。

注意：

测试时应将亮度和聚焦设定到能够最佳显示的合适位置上；最大可能地显示波形，减小测量误差；如果使用了探头，应检查电容校正的信号。

【工作任务实施】信号发生器、晶体管毫伏表和示波器的使用练习

1. 任务目标

1）熟悉用信号发生器输出信号的方法。

2）会用示波器观察信号的波形，并用晶体管毫伏表测量相应的电压值。

2. 需准备的工具及材料

信号发生器、晶体管毫伏表和示波器。

3. 实施前知识准备

信号发生器、晶体管毫伏表和示波器的使用要求。

4. 实施步骤

1）观察正弦波电压。

① 按图 2-17 所示连接好电路。

② 信号发生器按要求输出正弦波电压（电压值和频率根据信号发生器面板显示调节）。

③ 用示波器测试信号发生器输出电压的幅度和频率，将被测电压的峰–峰值换算成有效值，与电子电压表同时测得的数据进行比较，并记录测试数据。

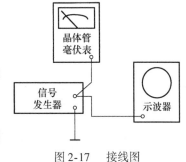

图 2-17　接线图

2）示波器测试交流电压，并将测试数据记录到表 2-5 中。

表 2-5　示波器测量数据

要求输出的正弦电压		示波器测试值				晶体管毫伏表测得
频率/Hz	幅度/V	峰-峰值/V	有效值/V	周期	换算后频率/Hz	电压/V
250	4					
5k	0.5					
100k	0.03					

练习与思考题

1. 使用指针万用表测量电压或电流，若不知具体数值，应如何选择量程？

2. 在使用指针万用表测量电阻时，必须进行欧姆调零，如何进行操作？

3. 分别简述使用指针万用表、数字万用表测量电阻的操作步骤。

4. 用交流毫伏表测试电压，选择量程时应注意哪几个问题？用 DF2172B 型交流毫伏表来测试 10kHz、25mV 及 9V 的交流电压时，量程开关应分别置于什么位置？

项目 3　常用电子元器件的识别与检测

【学习目标】
1）熟悉常用电子元器件的种类和识别方法。
2）能用万用表对常用电子元器件进行检测。
3）能正确选择和使用常用电子元器件。
4）培养耐心细致和认真负责的职业态度。

任务 1　电阻器的识别与检测

【工作任务描述】
电阻器是电子电路中应用最为广泛的电子元件之一，它的使用频率最高。本任务学习电阻器的种类及应用、常见电阻器的识别，要求理解电阻器的标称阻值及标注方法，并会用万用表测量电阻器的电阻值。

【知识链接】电阻器

1. 电阻器的种类

电阻器简称"电阻"，它是家用电器以及其他电子设备中应用十分广泛的元件，按结构可分为固定电阻和可变电阻；按材料和使用性质可分为膜式电阻、线绕式电阻、热敏电阻、压敏电阻等；按伏安关系可分为线性电阻和非线性电阻等。常用电阻器及外形如图 3-1 所示。电阻器利用自身消耗电能的特性，在电路中起降压、分压、限流等功能。

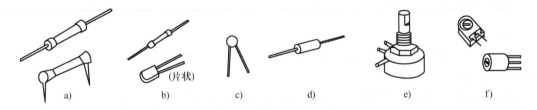

图 3-1　常用电阻器外形图

a）碳膜电阻器　b）金属膜电阻器　c）热敏电阻器　d）实心膜电阻器
e）碳膜电位器　f）半可调电阻器

国产电阻器的型号由 4 部分组成（不适用敏感电阻）。
- 第一部分为主称。R——电阻器，W——电位器。
- 第二部分为材料。T——碳膜，H——合成碳膜，S——有机实心，N——无机实心，J——金属膜，Y——氧化膜，C——沉积膜，I——玻璃釉膜，X——线绕。
- 第三部分为分类。1——普通，2——普通，3——超高频，4——高阻，5——高温，6——无，7——精密，8——高压，9——特殊，G——高功率，T——可调。

● 第四部分为序号。用数字表示同类产品中的不同品种，以区分产品的外形尺寸和性能指标等。例如：型号 RJ73 的命名含义：R——电阻器，J——金属膜，7——精密，3——序号。RJ73 表示产品序号为 3 的金属膜精密电阻。

碳膜电阻（RT）稳定性较高，噪声也比较低，一般在无线电通信设备和仪表中做限流、阻尼、分流、分压、降压、负载和匹配等用途；金属膜电阻（RJ）和金属氧化膜电阻（RY）的用途与碳膜电阻一样，但具有噪声低、耐高温、体积小、稳定性和精密度高等特点；线绕电阻（RX）有固定和可调式两种，特点是稳定、耐热性能好、噪声小、误差范围小，一般在功率和电流较大的低频交流和直流电路中做降压、分压、负载等用途。

2. 固定电阻器的主要参数

电阻器的主要参数有标称阻值、允许偏差、额定功率、温度系数等。

（1）标称阻值

电阻器最重要的参数是标称值，即标注在电阻器上的电阻值。标称阻值是工厂生产的系列电阻器的电阻值，常用的有 3 个系列：E24、E12、E6。E6 系列的电阻标称值为 1.0、1.5、2.2、3.3、4.7、6.8，将这些数值乘以 10^n 就是该系列的所有电阻标称值。例如，E6 系列的 1.5 就代表有 1.5Ω、15Ω、150Ω、$1.5k\Omega$、$15k\Omega$ 等系列电阻值。E24 系列标称值稍多，从 1.0 ~ 9.1 共有 24 个系列，常用标称阻值系列和允许偏差如表 3-1 所示。随着电子技术的发展，又陆续公布了其他一系列标准，如 E48、E96 等。电阻系列值增加，阻值误差减小。

表 3-1　常用标称阻值系列和允许偏差

系列	允许偏差	常用标称值
E24	±5%	1.0、1.1、1.2、1.3、1.5、1.6、1.8、2.0、2.2、2.4、2.7、3.0、3.3、3.6、3.9、4.3、4.7、5.1、5.6、6.2、6.8、7.5、8.2、9.1
E12	±10%	1.0、1.2、1.5、1.8、2.2、2.7、3.3、3.9、4.7、5.6、6.8、8.2
E6	±20%	1.0、1.5、2.2、3.3、4.7、6.8

（2）允许偏差

允许偏差是指生产出来的标称电阻允许它出现多大阻值偏差的指标，允许偏差有 ±5%、±10%、±20% 等。

例如，E24 系列的标称值为 1.1 的电阻，允许偏差为 ±5%。允许偏差符号的代表含义如表 3-2 所示。

表 3-2　电阻器允许偏差的表示方法

允许偏差/%	±0.1	±0.25	±0.5	±1	±5	±10	±20
符号	B	C	D	F	J（Ⅰ）	K（Ⅱ）	M（Ⅲ）
说明	精密元件				一般元件		

（3）额定功率

额定功率是指在长期连续负荷而不损坏或基本不改变性能的情况下，电阻器上允许消耗的最大功率。当超过其额定功率使用时，电阻器的阻值及性能将会发生变化，甚至发热冒烟烧毁。因此一般选用电阻器的额定功率时要有裕量，即选用比实际工作中消耗的功率大1~2倍的额定功率。功率也采用标准化的额定功率系列值，表3-3列出了常用电阻器的额定功率系列。

表 3-3　常用电阻器的额定功率系列

种类	电阻器额定功率系列/W
线绕电阻器	0.05, 0.125, 0.25, 0.5, 1, 2, 4, 8, 10, 16, 25, 40, 50, 75, 100, 150, 250, 500
非线绕电阻器	0.05, 0.125, 0.25, 0.5, 1, 2, 5, 10, 25, 50, 100

电阻器的额定功率符号表示如图3-2所示。

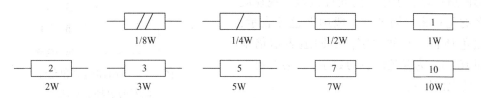

图 3-2　电阻器额定功率符号标志

3. 电阻器参数的表示方法

表示电阻器阻值的方法有直标法、文字符号法、色环法和数码法，前3种如图3-3所示，第4种将在片状元器件中介绍。

（1）直标法

将电阻器的主要参数和技术性能用数字或字母直接标注在电阻器表面上，这种方法主要用于功率较大的电阻器。例如，在电阻体上印有标志6.8kΩ ±5%，即表示其标称值为6.8kΩ，允许偏差为±5%；印有6.8kΩI，则表示其标称值为6.8kΩ，允许偏差为I级。

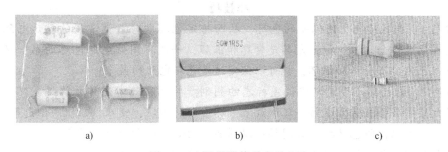

图 3-3　电阻器阻值的表示方法
a) 直标法　b) 文字符号法　c) 色环法

（2）文字符号法

将文字、数字有规律地组合起来表示电阻器的阻值与允许偏差。标志符号规定为：欧姆用 Ω 表示；千欧用 kΩ 表示；兆欧用 MΩ 表示，如4k7表示阻值为4.7kΩ。

（3）色环法

色环标志法又称为色环法或色标法，是指在电阻体表面用不同颜色的色环代表电阻器的阻值和偏差，各种颜色所代表的具体意义如表3-4所示。色环电阻的色环是按从左至右的顺序依次排列的，最左边为第一环。

表 3-4 色环表示法

颜色	黑	棕	红	橙	黄	绿	蓝	紫	灰	白	无色	银	金
有效数字	0	1	2	3	4	5	6	7	8	9	—	—	—
乘数	10^0	10^1	10^2	10^3	10^4	10^5	10^6	10^7	10^8	10^9	—	10^{-2}	10^{-1}
允许偏差/%	—	±1	±2	—	—	±0.5	±0.25	±0.1	—	—	±20	±10	±5

一般电阻器采用四色环表示法。在靠近引线的一端画有 4 道色环，第一、二道分别表示第一、二位有效数字，第三道色环表示倍乘数，第四道色环表示电阻的允许偏差。现在应用较多的是精密电阻器，一般用五色环表示，前三道色环表示有效数字，第四道表示倍乘数，即 10^n（n 为颜色代表的数字），第五道表示电阻的允许偏差。

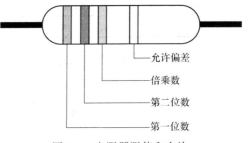

图 3-4 电阻器阻值和允许偏差的色环表示法

例如，电阻器上四道色环依次为红、紫、橙、金，则此电阻的阻值为 27kΩ，允许偏差为 ±5%。采用色标法标志的电阻器，颜色醒目、标志清晰、不易褪色，从各方向上都能看清阻值和允许偏差，是目前最常用的标志方法。

【例 3-1】有一电阻器，色环颜色顺序为：棕、黑、橙、银，则该电阻器标称阻值为：$10 \times 10^3 \Omega$，$\pm10\%$，即 10kΩ ± 10%。

色环电阻是应用于各种电子设备中最多的电阻类型，无论怎样安装，维修者都能方便地读出其阻值，便于检测和更换。但在实践中发现，有些色环电阻的排列顺序不甚分明，往往容易读错，除了不断在实践中积累经验外，在识别时还有一些小技巧帮助判断。

小技巧

技巧 1：先找标志允许偏差的色环，从而排定色环顺序。最常用的表示电阻允许偏差的颜色是：金、银、棕，尤其是金环和银环，一般不用做电阻色环的第一环，所以在电阻上只要有金环和银环，就可以认定这是色环电阻的最末一环。

技巧 2：棕色环是否是允许偏差标志的判别。棕色环既常用作允许偏差环，又常作为有效数字环，且常常在第一环和最末一环中同时出现，使人很难识别谁是第一环。在实践中，可以按照色环之间的间隔加以判别。例如，对于一个五道色环的电阻而言，第五环和第四环之间的间隔比第一环和第二环之间的间隔要宽一些，据此可判定色环的排列顺序。

技巧 3：在仅靠色环间距还无法判定色环顺序的情况下，还可以利用电阻的生产序列值来加以判别。例如，有一个电阻的色环读序是：棕、黑、黑、黄、棕，其值为 $100 \times 10^4 \Omega = 1M\Omega$ 允许偏差为 $\pm1\%$，属于正常的电阻系列值，若是反顺序读：棕、黄、黑、黑、棕，其值为 $140 \times 1\Omega = 140\Omega$，允许偏差为 $\pm1\%$。显然按照后一种排序所读出的电阻值，在电阻值的生产系列中是没有的，因此后一种色环顺序是不对的。

---

4. 固定电阻器的检测

当电阻的参数标志因某种原因脱落或欲知道其精确阻值时，就需要用仪器对电阻的阻值进行测量。对于常用的碳膜、金属膜电阻器以及线绕电阻器的阻值，可用普通指针式或数字式万用表的电阻档直接测量。在具体测量时应注意以下几点。

（1）合理选择量程

先将万用表功能选择置于"Ω"档，选择合适的量程，使被测电阻的指示值尽可能位于刻度线的 0 刻度到满量程 2/3 的这一段位置内，这样可提高测量的精度。对于上百千欧的电阻器，则应选用 $R \times 10k$ 档来进行测量。

（2）注意调零

所谓"调零"就是将万用表的两只表笔短接，调节"调零"旋钮使表针指向表盘上的"0Ω"位置。"调零"是测量电阻器之前必不可少的步骤，而且每换一次量程都必须重新调零一次。

（3）读数要准确

在观测被测电阻的阻值读数时，两眼应位于万用表指针的正上方（万用表应水平放置），同时注意双手不能同时接触被测电阻的两根引线，以免人体电阻影响测量的准确性。

5. 电阻器使用中应注意的事项

1）对大功率的电阻器应利用螺钉和支架固定，以防折断引线或短路。

2）电阻器的功率大于 10W 时，应保证有足够的散热空间。

3）电阻器的引线不要从根部打弯，以免折断。

4）电阻器在存放和使用过程中，都要保持漆膜的完整，不允许用锉刮电阻膜的方法来改变电阻器的阻值。电阻器的漆膜脱落后，防潮性变坏，无法保证正常工作。

5）焊接电阻器时动作要快，防止电阻器长期受热后阻值变化。

6. 电位器（可变电阻器）的主要参数与检测

（1）电位器的参数

电位器的阻值可以从零连续变到标称阻值，它有 3 个引出接头，两端接头的阻值就是标称阻值。中间接头可在轴上移动，使其与两端接头间的阻值改变。电位器的型号、标称阻值、额定功率等都印在电位器的外壳上。

标称值读数中的第一、第二位数值表示电阻值的第一和第二位，第三位表示倍数 10^n。

例如，"204"表示 $20 \times 10^4 \Omega = 200k\Omega$。"105"表示 $10 \times 10^5 k\Omega = 1000k\Omega = 1M\Omega$。

电位器的主要参数除标称阻值、额定功率外，还有阻值变化规律和滑动噪声等参数。

（2）电位器的检测

电位器除要进行专业测试以外，一般性检测所关注的几项是阻值及阻值随轴变化的情况，转轴及滑臂的功能是否良好，转动时引起的电噪声大小等。

1）检测标称阻值。

电位器可用万用表的电阻档进行检测。根据电位器标称阻值的大小，将万用表置于适当的欧姆档位，两表笔短接，然后转动调零旋钮校准欧姆档零位。万用表两表笔不分正、负分别与电位器的两定臂相接，表针应指在被测电位器标称的阻值刻度上。如表针不动，指示不稳定或指示值与被测电位器标称值相差很大，则说明该电位器已损坏。

2）检测动臂与电阻体的接触是否良好。

将万用表一表笔与被测电位器动臂 2 相接，另一表笔与定臂 3 相接，来回旋转电位器旋柄，万用表表针应随之平稳地来回移动，如图 3-5 所示。如表针不动或移动不平稳，则说明该电位器动臂接触不良。然后再将接定臂 3 的表笔改接至定臂 1，重复以上检测步骤。

3）检测带开关电位器的开关好坏。

将万用表置于欧姆档位，两表笔分别接被测带开关电位器的开关接点 A 和 B，旋转电位器旋柄使开关交替地"开"与"关"，观察表针指示，如图 3-6 所示。开关"开"时表针应指向电阻值为"0"处，开关"关"时表针应指向电阻值无穷大处。可重复若干次以观察被测带开关电位器的开关是否接触良好。

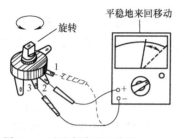 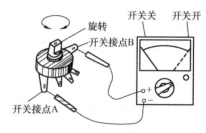

图 3-5　万用表检测电位器　　　　图 3-6　检测带开关电位器

【工作任务实施】电阻器的简单测试

1. 任务目标

1）按电阻器的外观标志判读标称阻值及允许偏差值。

2）用万用表检测电阻器的阻值。

2. 需准备的工具及材料

万用表一块，电阻器阻值判断练习板一块。

3. 实施前知识准备

直标法、文字符号法、色环电阻的读数方法。

4. 实施步骤

1）在电阻判断练习板上通过外观的标志读取各电阻的阻值，记入表 3-5 中。

2）用万用表测试电阻器，将结果记入表 3-5 中。

表 3-5　电阻器的阻值识别记录表

姓名			班级		时间	
万用表型号						
标注方法		色环顺序或标注	标称阻值	万用表档位选择	测量阻值	元件合格与否
直标法	1					
	2					
色环法	3					
	4					
	5					
	6					
文字符号法	7					
	8					

3）出示 10 个不同类型的电阻，要求学生读数并测量，将考核结果记入电阻器检测考核评分表中（表3-6）。

表 3-6　电阻器检测考核评分表

考核项目	要求	评分标准	扣分	得分
识别电阻值（20 分）	能根据标注正确判读电阻阻值及允许偏差	不熟悉扣 5 分，不正确扣 10 分		
万用表使用（20 分）	档位正确	选错一次扣 5 分		
	调零	忘记调零一次扣 5 分		
电阻器检测（40 分）	电阻测量时表笔放置正确	用双手固定电阻扣 10 分		
	电阻值读数准确	读数不准确一次扣 5 分		
文明生产（20 分）	工具摆放整齐，工位卫生符合标准	违反规定扣 10 分		
	认真操作，无大声喧哗等行为	违反规定扣 10 分		
教师		总分		

任务 2　电容器的识别与检测

【工作任务描述】

电容器在电子工程中占非常重要的地位，其使用量仅次于电阻器，一般约占电子元器件总数的 30%。通过本任务学习，认识常见的电容器，识别电解电容器的正负极，并会用万用表判断电容器的好坏。

【知识链接】电容器

电容器是中间夹有电介质的两个导体所组成的元件，这两个导体称为电容器的电极或极板。电容器通常简称为电容，用符号 C 表示。电容器是储存电荷的容器，与电阻器不同，理论上讲电容器对电能无损耗，而电阻器则是通过自身消耗电能来分配电能。电容器在电路中的作用是通交流、隔直流，通高频、阻低频，通常起滤波、旁路、耦合、去耦、移相等作用。

1. 电容器的分类

电容器的种类很多，按介质不同，可分为空气介质电容器、纸介电容器、有机薄膜电容器、瓷介电容器、玻璃釉电容器、云母电容器、电解电容器等；按结构不同，可分为固定电容器、半可变电容器、可变电容器等。常用电容器的外形如图 3-7 所示。

电容器的型号由 4 部分组成。

第一部分为主称。C——电容器。

第二部分为材料。Y——云母，Z——纸介，C——瓷介，D——电解。

第三部分为分类。一般用数字表示，个别类型用字母表示。1——筒形，2——管形，3、4——密封，C——小型，L——立式矩形。

37

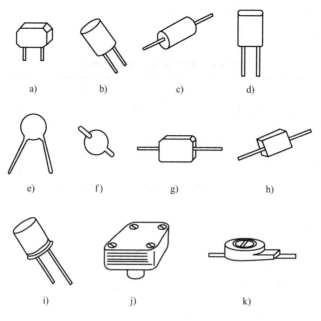

图 3-7　常用电容器的外形图

a）小型环氧包封金属化纸介电容器　b）金属化纸介电容器　c）聚苯乙烯电容器　d）金属化涤纶电容器

e）圆片瓷介电容器　f）超高频瓷介电容器　g）压塑云母电容器　h）玻璃釉电容器

i）铝电解电容器　j）可变电容器　k）瓷介微调电容器

第四部分为序号。用数字表示同类产品中不同品种，以区分产品的外形尺寸和性能指标等。例如：型号 CD11 表示产品序号为 1 的筒形电解电容器。

（1）固定电容器

固定电容器的电容量是不可调节的。

（2）半可变电容器

半可变电容器又称微调电容器或补偿电容器，其特点是容量可在小范围内变化，可变容量通常在几皮法或几十皮法之间，最高可达 100pF（陶瓷介质时）。半可变电容器用于整机调整后，电容量不需经常改变的场合。

（3）可变电容器

可变电容器的容量可在一定范围内连续变化。它由若干片形状相同的金属片并接成一组（或几组）定片和一组（或几组）动片，动片可以通过转轴转动，以改变动片插入定片的面积，从而改变电容量。其介质有空气、有机薄膜等。可变电容器有"单联""双联"和"三联"之分。

2. 电容器的主要参数及标注方法

电容器的主要参数有标称容量和额定耐压值。电容器的标称容量是电容的基本参数，是指电容两端加上电压后它能储存电荷的能力。储存电荷越多，电容量越大，反之电容量越小。不同类别的电容有不同系列的标称值。额定耐压值是表示电容接入电路后，能连续可靠地工作而不被击穿时所能承受的最大直流电压。使用时绝对不允许超过这个电压值，否则电容就会损坏。

电容器的额定电压是指在规定温度下，能保证电容器长期连续工作而不被击穿的电压值。所有的电容器都有额定电压参数，额定电压表示了电容器两端所允许施加的最大电压。如果施加的电压大于额定电压值将损坏电容器。

电容器的标称值、偏差和耐压均标在电容器的外壳上，其标志方法有直标法、文字符号法和色标法。

（1）直标法

将容量、偏差和耐压等参数直接标在电容器上，常用于电解电容器。电容器的直标法与电阻器的直标法一样，在电容器外壳上直接标出标称容量和允许偏差。还有不标单位的情况，当用整数表示时，单位为pF；用小数表示时，单位为μF。

例：2200 为 2200pF；0.056 为 0.056μF。

（2）文字符号法

使用文字符号法时，容量的整数部分写在容量单位符号的前面，容量的小数部分写在容量单位符号的后面，例如：0.33pF 写为 p33，6800pF 写为 6n8，4700μF 写为 4m7。10μF 以下的电容器的绝对偏差标志符号是：±0.1pF 用 B 标志，±0.2pF 用 C 标志，±0.5pF 用 D 标志。

（3）数码法

在一些磁片电容器上，常用 3 位数表示标称容量，此方法以 pF 为单位。3 位数字中，前面两位表示标称值的有效数字，第三位数字为有效数字后面零的个数。例如，电容器标出 103，则标称容量为 0.01μF。若最后一位为 9，它表示有效数字乘以 0.1，例如 229 表示 2.2pF。

电容器的误差有的直接标出，例如，±5%、±10%、±20%，相应的也可定为 I 级、II 级、III 级。有的误差用字母表示：G 表示 ±2%，J 表示 ±5 %，K 表示 ±10%，N 表示 ±30%，P 表示 +100%、−10%，S 表示 +50%、−20%，Z 表示 +80%、−20%。

（4）色标法

电容器色标法原则上与电阻器色标法相同。标志的颜色符号级与电阻器采用的相同，其单位为 pF。电解电容器的工作电压有时也采用颜色标志：6.3V 用棕色，10V 用红色，16V 用灰色，色点标志在正极。

3. 电容器的选配及注意事项

电容器的选配比较方便，一般选用同型号同规格的电容器。在选不到同型号同规格电容器的情况下，可按下列原则进行选配。

1）合理选择电容器的精度。在大多数情况下，对电容器的容量要求并不严格，在许多情况下电容器的容量相差一些是无关紧要的。但在振荡回路、滤波、延时电路及音调电路中，电容量的要求则非常精确，电容器的容量其误差应小于 ±0.3% ~ ±0.5%。

2）根据电路的要求合理选用电容器，纸介电容器一般用于低频交流旁路场合，云母电容器或瓷介电容器一般用在高频或高压电路中。

3）额定电压大于原电容器的可以代用。

4）高频电容器不能用低频电容器代替，否则效果不好，严重时电容器不能起到相应的作用。

5）在有些场合，还要考虑电容器的工作温度范围、温度系数等参数。

6）在标称容量不能满足时，可以采用串联或并联电容器的方法来满足这一要求。

4. 电容器使用注意事项

1）电容器在使用前应先检查外观是否完整无损，引线是否松动或折断，型号规格是否符合要求，然后用万用表检查电容器是否会击穿短路或漏电电流过大。

2）若现有的电容器和电路要求的电容量或耐压值不符合，可采用串联或并联的方法解决。但应注意：两个耐压值不同的电容器并联时，耐压值由低的那只决定；两只电容量不同的电容器串联时，容量小的那只所承受的电压高于容量大的那只。一般不宜用多个电容器并联来增大等效容量，因为电容器并联后，损耗也随着增大。

3）电解电容器在使用时不能将正负极接反，否则会损坏电容器。另外电解电容器一般工作在直流或脉动电路中，安装时应远离发热元器件。

4）可变电容器在安装时一般应将动片接地，这样可以避免转动电容器转轴时引入干扰。用手将转轴朝前、后、左、右、上、下等各个方向推动，不应有任何松动的感觉；旋转转轴时，应顺滑无阻碍。

5）电容器安装时其引线不能从根部弯曲。焊接时间不应太长，以免引起性能变坏甚至损坏。

5. 电容器的简易判别

（1）固定电容器漏电阻的判别

用万用表 $R \times 1k$ 档（容量大的电容器用 $R \times 100$ 或 $R \times 1$ 档），用表笔接触电容器两极，表头指针应顺时针方向跳动一下（5000pF 以下的小电容器观察不出跳动），然后逐渐逆时针复原，即退至 $R \to \infty$ 处。如果不能复原，则稳定后的读数表示电容器漏电阻值，其值一般为几百至几千千欧，阻值越大表示电容器的绝缘性能越好。应注意判别时不能用手指同时碰电容器两端，以免影响判别结果。

（2）电容器容量的判别

5000pF 以上的电容器，可用万用表电阻档判别电容器容量。用表笔接触电容器两极时，表头指针应先是一跳，后逐渐复原。将黑、红两表笔对调之后，表头指针又是一跳，并跳得更高，而后又逐渐复原。这就是电容器放电的情景。电容器容量越大，指针跳动越大，复原的速度越慢，根据指针跳动的高度可判别其容量的大小。用万用表 $R \times 10k$ 档判别时，若表针不跳动，说明电容器内部开路了。

对于 5000pF 以下的小容量电容器，用万用表的最高电阻档已看不出充、放电现象，应采用专门的测试仪器进行测试。

（3）电解电容器极性的判别

根据电解电容器正接时漏电流小，反接时漏电流大的特点可判别其极性。用万用表先测一下电解电容器漏电阻值，而后将两表笔对调一下，再测一次电阻值。两次测试中，漏电阻值小的一次，黑表笔接的是负极，红表笔接的是正极，如图 3-8 所示。

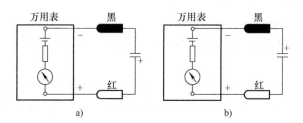

图 3-8　用万用表判别电容器极性

a）漏电阻值小　b）漏电阻值大

（4）可变电容器碰片的判别

用万用表电阻档，表笔分别接在可变电容器的定片、动片的连接片上（如图3-9所示）。旋转电容器动片至任何位置时，如果发现有直通（即表头指针指零），说明可变电容器动片和定片之间有碰片现象。

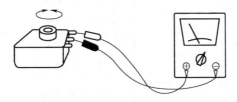

图3-9　判别可变电容器是否碰片

【工作任务实施】电容器的简单测试

1. 任务目标

1）会识别电容器，并根据标注读取电容值。

2）会用万用表测量电容值，并判定电容器的好坏。

2. 需准备的工具及材料

万用表一块，电容器若干。

3. 实施前知识准备

电容器的几种标注方法，用万用表检测电容器的方法。

4. 实施步骤

1）从外观判断电容器引线开断、电解液漏液等故障。

2）从电容器的标注中读取电容值及耐压值，记入表3-7中。

3）用万用表测量各电容器的电容值，记入表3-7中，并判断电容器的好坏和电解电容器的极性。

表3-7　电容器的电容测量记录表

姓名		班级		时间	
万用表型号					
电容器		标注	电容容量	耐压值	测量漏电阻	电容正常与否
电解电容器	1					
	2					
	3					
	4					
非电解电容器	5					
	6					
	7					
	8					

4）出示10个不同类型的电容器，要求学生进行读数并测试，将考核结果记入电容器检测考核评分表（表3-8）中。

表 3-8 电容器检测考核评分表

考核项目	内容	评分标准	扣分	得分
识别电阻值（20分）	能根据标注正确判读电容值及允许偏差	不熟悉扣5分，不正确扣10分		
万用表使用（20分）	档位放置正确	放错一次扣5分		
	调零正确	没调零一次扣5分		
电容器检测（40分）	读数准确	误差大一次扣5分		
	测试结果分析正确	不正确一次扣5分		
文明生产（20分）	工具摆放整齐，工位卫生符合标准	违反规定扣10分		
	认真操作，无大声喧哗等行为	违反规定扣10分		
教师		总分		

任务3 电感器与变压器的识别与检测

【工作任务描述】

电感器件可分为两大类：一是应用自感作用的电感线圈；二是应用互感作用的变压器。电感器的主要作用是对交流信号进行隔离、滤波或组成谐振电路；变压器的主要作用是变换交流电压、电流或阻抗的大小。本任务主要了解电感器、变压器的种类和主要参数，学习电感器、变压器的识别与检测方法。

【知识链接】电感器与变压器

1. 电感器的分类

电感器是一种非线性元件，可以储存磁能。由于通过电感的电流值不能突变，所以，电感对直流电流短路，对突变的电流呈高阻态。电感器在电路中的基本用途有：LC 滤波器、LC 振荡器、扼流圈、变压器、继电器、交流负载、调谐、补偿、偏转等。电感器按外形分空心线圈与实心线圈；按工作性质分高频电感器（各种天线线圈、振荡线圈）和低频电感器（各种扼流圈、滤波线圈等）；按封装形式分普通电感器、色环电感器、环氧树脂电感器、贴片电感器等；按电感量变化分为固定电感器和可调电感器。变压器有低频、中频、高频变压器等，常用电感线圈和变压器外形如图 3-10 所示。

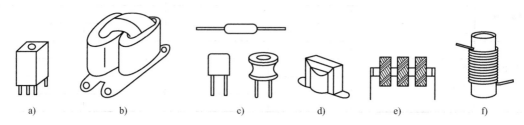

图 3-10 常用电感线圈和变压器

a) 中周变压器 b) 电源变压器 c) 固定电感器 d) 低频扼流圈 e) 高频扼流圈 f) 空心线圈

2. 电感器的参数

（1）电感量标称值与允许偏差

电感器工作能力的大小用"电感量"来表示，即产生感应电动势的能力。电感量是表征线圈的一个重要参数，通常线圈的匝数越多，电感量越大。此外，电感量大小与线圈绕制方式、有无磁心及磁心位置和材料有关，单位有 μH（微亨）、mH（毫亨）和 H（亨利），电感器的电感量也有标称值，电感量标称值按 E12 系列分别有 1、1.2、1.5、1.8、2.2、2.7、3.3、3.9、4.7、5.6、6.8、8.2。

电感量的允许偏差是指线圈的实际电感量与标称值的差异。允许偏差采用百分数表示，为 ±5%（Ⅰ）、±10%（Ⅱ）、±20%（Ⅲ），用文字符号表示：J（±5%），K（±10%），M（±20%）。对振荡线圈的要求较高，允许偏差为 0.2% ~ 0.5%；对耦合阻流线圈要求则较低，一般为 10% ~ 15%。

（2）品质因数

电感器的品质因数 Q 是线圈质量的一个重要参数。Q 越高，线圈的铜损耗越小。在选频电路中，Q 值越高，电路的选频特性也越好。

（3）额定电流

指在规定的温度下，线圈正常工作时所能承受的最大电流值。对于阻流线圈、电源滤波线圈和大功率的谐振线圈，这是一个很重要的参数。

（4）分布电容

指电感线圈匝与匝之间、线圈与地以及屏蔽盒之间存在的寄生电容。分布电容使 Q 值减小，稳定性变差，为此可将导线用多股线或将线圈绕成蜂房式，对天线线圈则采用间绕法，以减少分布电容的数值。

3. 电感器的标志方法

为了表明各种电感器的不同参数，以及便于在生产、维修时识别和应用，常在小型固定电感器的外壳上涂上标志，其标志方法有直标法和色标法两种，与电阻器的标注类似。小型固定电感器电感量的数值和单位通常直接标注在外壳上，也有采用色环标志法标注的。目前，我国生产的固定电感器一般采用直标法，国外的电感器常采用色环标志法。

（1）直标法

直标法是指将电感器的主要参数，如电感量、误差值、最大直流工作电流等用文字直接标注在电感器的外壳上。小型固定电感器直标法标注如图 3-11 所示。

最大工作电流常用字母 A、B、C、D、E 等标注，小型固定电感器的工作电流和字母的对应关系如表 3-9 所示。例如：电感器外壳上标有 3.9mH、A、Ⅱ 等标志，表示其电感量为 3.9mH，最大工作电流为 A 档（50mA），误差为 Ⅱ 级（±10%）。

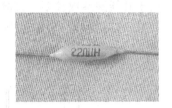

图 3-11　小型固定电感器直标法

表 3-9　小型固定电感器的工作电流和字母的对应关系

字母	A	B	C	D	E
最大工作电流/mA	50	150	300	700	1600

（2）色标法

色标法是指在电感器的外壳涂上各种不同颜色的环，用以标志其主要参数。小型固定电感器色标法标志如图3-12所示，最靠近某一端的第一条色环表示电感值的第一位有效数字；第二条色环表示第二位有效数字；第三条色环表示10^n倍乘数；第四条表示允许误差。其数字与颜色的对应关系和电阻器色环标志法相同，单位为μH（微亨）。

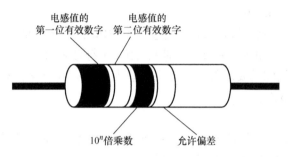

电感值的第一位有效数字　电感值的第二位有效数字

10^n倍乘数　允许偏差

图3-12　小型固定电感器色标法标志

（3）文字符号法

用文字符号表示电感的标称容量及允许偏差，当其单位为μH时用"R"作为电感器的文字符号，其他与电阻器的标相同。例：4R7M表示电感量为4.7μH，允许偏差为±20%。

（4）数码法

前面的两位数为有效数，第三位为倍乘，单位为μH。例：682表示电感量为$68 \times 10^2 = 6800$μH。

4. 电感器的检测

（1）电感线圈的好坏

电感线圈的好坏可以用万用表进行初步检测，即检测电感线圈是否有断路、短路、绝缘不良等情况。检测时，首先将万用表置于"$R \times 1$"档，两表笔不分正、负与电感线圈的两引脚相接，表针指示应接近为"0Ω"，如图3-13a所示。如果表针不动，说明该电感线圈内部断路；如果表针指示不稳定，说明该电感线圈内部接触不良。对于电感量较大的电感线圈，由于其线圈圈数较多，直流电阻相对较大，万用表指示应有一定的阻值，如图3-13b所示。如果表针指示为"0Ω"，则说明该电感线圈内部短路。

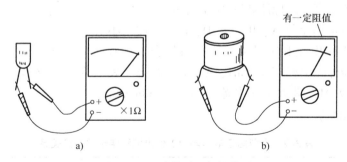

有一定阻值

a)　　　　　　　　b)

图3-13　电感线圈通断的检测

（2）检测绝缘情况

将万用表置于 $R \times 10k$ 档，检测电感线圈的绝缘情况，这项检测主要是针对具有铁心或金属屏蔽罩的电感线圈进行的。测量线圈引线与铁心或金属屏蔽罩之间的电阻，均应为无穷大（表针不动），如图 3-14 所示，否则说明该电感线圈绝缘不良。

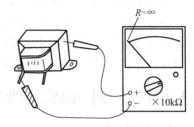

图 3-14　电感线圈绝缘情况的检测

（3）检查电感线圈的外观结构

仔细观察电感线圈的外观结构，检查外观是否有破裂现象，线圈绕组是否有松散变形的现象，引脚是否牢固，外表上是否有电感量的标称值，磁心旋转是否灵活，有无滑扣等。

5. 变压器的识别与检测

（1）变压器的种类

在电子电路中按用途不同将变压器分为电源变压器、低频变压器、中频变压器、高频变压器、脉冲变压器等。常见的高频变压器有电视接收机中的天线阻抗变压器，收音机中的天线线圈、振荡线圈等。中频变压器有超外差式收音机中频放大电路用的变压器、电视机中频放大电路用的变压器等。常见的低频变压器包括输入变压器、输出变压器、线间变压器、耦合变压器等。电子电路中常见低频变压器的图形符号如图 3- 15 所示。

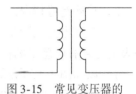

图 3-15　常见变压器的图形符号

（2）中频变压器的基本结构

中频变压器又称中周，多用于收音机或电视机的中频放大电路。其外形及内部结构如图 3-16 所示，由磁帽、铁心、支架、屏蔽罩、绕组等组成。绕组直接绕在"工"字形铁心上，铁心固定在底座中央，外套支架。调节磁帽可使铁心在支架内旋转，从而改变电感量以及绕组与绕组之间耦合度。中频变压器的主要性能参数有电压传输系数、选择性、通频带、Q 值等。常见的收音机中频变压器有 TTF－1 系列、TTF－2 系列、TTF－3系列等，磁帽上标有各种不同的颜色以区分不同系列。

图 3-16　中频变压器外形

（3）变压器的故障与检修

变压器线圈开路的检查可用万用表欧姆档进行，一般中、高频变压器的线圈匝数不多，其直流电阻很小，在零点几欧至几欧之间，视变压器具体规格而异；音频和中频变压器由于线圈匝数较多，直流电阻可达几百欧至几千欧以上。

变压器开路有两种原因，一种是线圈内部断线；另一种是引出端断线。引出端断线是常见的故障。仔细观察可发现此种故障。如果是引出端断线（开路）则可重新焊接。如果是内部断线则要更换或重绕，重绕时要注意绕组匝数、导线规格，高、中频变压器还要注意绕制方向。电源变压器要绕紧凑，不要变"肥"，以免装不进原铁心。在插装变压器铁心时要注意不要损坏绕组，并要夹紧铁心，以免工作时发出"嗡嗡"声或"吱吱"声。

变压器的直流电阻正常，不能表示变压器完全正常。例如，电源变压器局部短路对变压器直流电阻影响不大，但变压器不能正常工作。中、高频变压器局部短路用万用表不易测量，一般需用专用仪器，其表现为 Q 值下降，整机特性变坏。如果变压器两绕组之间短路会造成直流电压直通，可用万用表欧姆档测量两绕组间的电阻，测量时应切断变压器与其他元器件的连接，以免电路元器件并联影响测量的准确性。

【工作任务实施】电感器与变压器的简单测试

1. 任务描述

用万用表测试电感器及变压器。

2. 需准备的工具及材料

万用表一台，电感线圈、变压器若干。

3. 实施步骤

1）用万用表检测电感线圈的通断情况。

2）检测绝缘情况。

3）观察电感线圈是否有破裂现象，线圈绕线是否有松散变形等现象，引脚是否牢固，外表上是否有电感量的标称值，检查磁心旋转是否灵活，有无滑扣等。

4）以如图 3-17 所示中频变压器为例。用万用表测试 1～5 各引线之间的电阻值，1—2、2—3、1—3、4—5 之间是很小的直流电阻值，1—4、2—4、3—4、1—5、2—5、3—5 之间的电阻数值应很大，否则中周变压器已损坏。对有磁心的可调电感线圈，要求磁心的螺纹配合要好，即旋转轻松，又不滑扣。电感器的测试可使用万用电桥或高频 Q 表等测试。

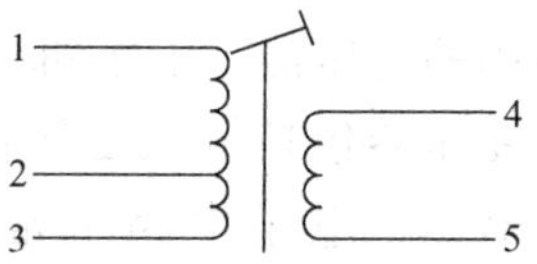

图 3-17　中频变压器符号

任务4　二极管、晶体管的识别与检测

【工作任务描述】

二极管、晶体管是常用的半导体器件。二极管是基本的电子元器件，其用途广泛，从充电器的整流元件到电热毯中的调温元件都用它。晶体管是放大电路中的基本器件。通过本任务学习二极管和晶体管的种类、结构、主要参数及检测方法，能识别常见二极管和晶体管，并会用万用表检测二极管和晶体管的各引脚及管子的好坏。

【知识链接1】二极管

1. 二极管的分类

二极管的分类方法很多，按用途分，有检波、整流、开关、混频二极管等。

国产二极管的型号由 5 部分组成：

第一部分为主称。2——二极管，3——晶体管。

第二部分：用字母表示二极管材料与极性。

第三部分：汉语拼音字母表示二极管的类别。国产二极管命名第 2、3 位字母含义如表 3-10 所示。

第四部分：生产序号。

第五部分：区别代号。

比如型号 2AP9 表示 N 型锗材料普通二极管，2CW56 表示 N 型硅材料稳压二极管。

表 3-10　国产二极管命名第 2、3 位字母含义

第 2 位		第 3 位			
字母	意义	字母	意义	字母	意义
A	N 型锗材料	P	普通管（小信号管）	S	隧道管
B	P 型锗材料	W	电压调整管和电压基准管（稳压管）	U	光电管
C	N 型硅材料	Z	整流管	N	阻尼管
D	P 型硅材料	K	开关管	V	混频检波管

（1）检波二极管

检波二极管是指能将调制在高频电磁波上的低频信号检出来的二极管，它要求结电容小、反向电流也要小。因此，检波二极管常采用点接触型二极管。常用的国产检波二极管有 2AP1～2AP7 及 2AP9～2AP17 等型号，以及国外的 1N34、1N60、1S34 等型号的二极管。

选用检波二极管时，只要被选二极管的工作频率满足实际应用电路的要求，且结电容较小、反向电流也较小的，一般均可选用。

（2）整流二极管

整流二极管如图 3-18 所示，在直流稳压电源中应用广泛。常见的国产整流二极管有 2CZ 型、2DZ 型，以及国外型号 1N4001～1N4007 等，最大正向平均电流可达 1A，它们的区别仅在于反向耐压不同，1N4001 反向耐压最低，1N4007 反向耐压最高。另外还有用于高压和高频整流电路的高压整流堆，如 2CGL 型等。

图 3-18　整流二极管

（3）稳压二极管

稳压二极管亦称齐纳二极管，简称稳压管。如图 3-19 所示。它是工作在非破坏性击穿（齐纳击穿）状态下的硅二极管。它的不同之处是采用特殊工艺制造，使其工作在反向击穿状态下不导致损坏。且其击穿是可逆的，一旦撤销后，便能恢复原来状态。当稳压二极管加反向工作电压，如果通过稳压二极管的反向电流在一定范围内变化时，则稳压二极管两端的反向电压保持基本不变；如果反向电流超过一定值，则稳压二极管就会被烧毁。因此，稳

图 3-19　稳压二极管

压二极管一定要在允许的工作电流范围内使用。常见型号有 2CW 型和 2DW 型。

选用稳压二极管时，被选稳压二极管的稳定电压值应能满足实际应用电路的需要，且工作电流变化时的电流值上限不能超过被选稳压二极管的最大稳定电流值。

稳压二极管的反向特性和普通二极管有很大的区别，普通二极管一旦反向击穿，元器件基本上就会坏掉；而稳压二极管主要是为工作于反向击穿状态而特别设计的，只要电流不太大，就能保证稳压管不至于被烧坏。

稳压二极管是根据击穿电压来分档的，常见类型有 3.3V、4.3V、5.1V、6.8V，主要作为稳压器或电压基准元器件使用。由于小功率玻璃封装稳压二极管体积小，标注的文字符号不易观察，所以稳压二极管管体上不标注小数点，而是用电压符号代替，比如 3.3V、4.3V、5.1V、6.8V 分别标注为 3V3、4V3、5V1、6V8，阅读时通常需要旋转器件才能读完全部字符。

（4）开关二极管

开关二极管是专门作为开关用的二极管，它由导通变为截止或由截止变为导通所需的时间比一般二极管短，国产命名的常见型号有 2AK、2DK 等系列，美国命名的常见型号如 1N4148。

（5）发光二极管

发光二极管（Light - emitting Diode，LED）由镓（Ga）、砷（As）、磷（P）等元素的化合物制成，如图 3-20 所示为普通亮度发光二极管。发光二极管同普通二极管一样，具有单向导电性，正向导通时发光，光的颜色取决于制造所用的材料，如砷化镓发出红色光、磷化镓发出绿色光等，目前常见的有红、黄、绿、蓝等，在很多电路中作信号指示用。发光二极管两端的正向电压越大，电流越大，发光越强。普通发光二极管正常工作电流约

图 3-20　发光二极管

10mA，高亮度发光二极管正常工作电流可达 30mA。发光二极管的正向电压一般为 1.8 ~ 3.2V，这个数值比通用二极管的正向压降要大得多。

2. 二极管的结构

二极管从本质上说就是一个 PN 结。在 PN 结的两区装上电极，外部用塑料或金属外壳封装，就成为二极管。根据二极管内 PN 结材料的不同，分为硅二极管和锗二极管；根据制造工艺的不同，又可分为点触型和面触型两类。它们的性能各不相同，可以应用于各种不同场合。图 3-21 是二极管结构、外形和电路符号图。

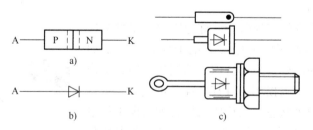

图 3-21　二极管构造示意图、电路符号和外形图
a）结构　b）符号　c）外形

3. 二极管的主要性能参数

1）最大整流电流 I_F。

I_F 是指二极管用于整流时，根据允许温升折算出来的最大正向平均电流值，实际工作电流超过此值时二极管很容易烧坏。大功率整流管的 I_F 值可达 1000A。

2）最大反向工作电压 U_{RM}。

U_{RM} 是指为避免击穿所能加于二极管的最大反向电压。为安全起见，手册中的 U_{RM} 值是

击穿电压 U_{BR} 值的一半。目前最高的 U_{RM} 值可达几千伏。

3）最高工作频率 f_M。

由于 PN 结具有电容效应，工作频率超过某一限度时其单向导电性将变差。点接触型二极管的 f_M 值较高（达 100MHz 以上），面接触型二极管则较低，为几千赫兹。

4. 二极管的简单测试

（1）用万用表判断二极管的极性

二极管的极性一般都标注在二极管管壳上。如管壳上没有标志或标志不清，就需要用万用表进行检测，检测方法如图 3-22 所示。

首先，把万用表置于电阻 $R \times 100$ 或 $R \times 1k$ 档。一般不用 $R \times 1$ 档，因为输出电流太大；也不宜用 $R \times 10k$ 档，因为电压太高，有些二极管可能会被损坏。

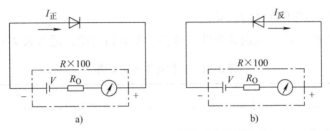

图 3-22　二极管的极性判别电路

a）测正向电阻　b）测反向电阻

将两表棒分别接二极管的两个电极，测出电阻值；然后对调二极管的电极，再测一次，从而得到两个电阻值，分别为正向电阻和反向电阻，显然这两个电阻值必定相差甚大，正向电阻值一般在几百欧姆至几千欧姆之间；反向电阻值一般在几百千欧姆以上。就其中数值小的为准（即正向导通状态），黑表笔所接的是二极管的正极，红表笔所接的是二极管的负极。因为黑表笔是与表内电池的正极相连的。

（2）判断二极管的质量。

测量方法同上，测出二极管正、反向两个电阻值。

性能好的二极管，一般其反向电阻值比正向电阻值大几百倍以上。若二次测得的正、反向电阻值均很小或接近于零，说明二极管内部已击穿；如果正、反向电阻值均很大或接近于无穷大，说明管子内部已断路；如果正、反向阻值相差不大，说明其性能变坏或已失效。

出现以上三种情况的二极管都是不能使用的。

由于二极管属非线性元件，故选用万用表不同倍率档测量同一只二极管时，由于通过二极管的正向电流大小不等，因此，测出的正向导通的电阻值也不尽相同。型号不同的万用表，其各档的表内总阻值不等，所以用不同的万用表测量同一个二极管时，测得的正、反向电阻也不会相同。我们主要以二极管正、反向电阻的差距来判断它的质量。

小常识

使用时可根据管壳上的标记进行识别。如根据所标记的二极管符号，引线的长短，色环、色点等。其中带色点的一端为正极，塑封二极管上带色环的一端为负极；对于同向引线的二极管，其引线长的一根为正极。

【工作任务实施1】 二极管的识别与检测

1. 任务目标

1）会识别二极管，能根据型号判断二极管的材料和种类。

2）会用万用表检测二极管的好坏及极性。

2. 需准备的工具及材料

万用表一块，二极管若干。

3. 实施前知识准备

二极管的结构、种类、符号及检测方法。

4. 实施步骤

1）识别二极管外壳上符号的意义。

2）根据二极管的型号，识别其极性、材料、类型和用途，记入表3-11中。

表3-11 二极管型号记录表

姓名		班级		时间	
万用表型号					
序号	型号	用途	材料	类别	极性识别
二极管					

3）用万用表测量二极管的正反向电阻，并判断二极管的极性及好坏，记入表3-12中。

表3-12 二极管正反向电阻的测量

二极管类别		型号	正向电阻	反向电阻	二极管正常与否
整流二极管	1				
	2				
	3				
	4				
稳压二极管	5				
	6				
发光二极管	7				
	8				

4）出示5个不同类型的二极管，要求学生识别及测试，教师将考核情况记入二极管检测考核评分表3-13中。

表 3-13　二极管检测考核评分表

考核项目	要求	评分标准	扣分	得分
二极管的识别 （40分）	正确识别型号、用途、极性、材料、类别	型号、用途每漏写或者写错1处，扣5分		
		极性、材料、类别每错1处，扣5分		
		不会识别，每件扣10分		
二极管的检测 （40分）	正确使用万用表判别引脚极性、材料及质量好坏	万用表使用不正确，扣10分		
		不会判别引脚极性，每件扣5分		
		不会判别质量好坏，每件扣5分		
文明生产 （20分）	工具摆放整齐，工位卫生符合标准	违反规定扣10分		
	认真操作，无大声喧哗等行为	违反规定扣10分		
教师		总分		

【知识链接2】晶体管

1. 晶体管的结构及分类

（1）结构

晶体管又称三极管，是放大电路的核心器件，在放大区工作时它的主要特点是具有电流放大能力。晶体管的作用主要有放大、开关、调节、隔离等，常见晶体管外形如图3-23所示。

图 3-23　常见晶体管外形

晶体管由两个 PN 结组成，其结构和电路符号如图 3-24 所示，管芯可分为两结三区。两结是发射结、集电结，三区是发射区、基区和集电区。三区各引出一个电极，对应称为发射极、基极和集电极，用字母 e、b 和 c 表示。

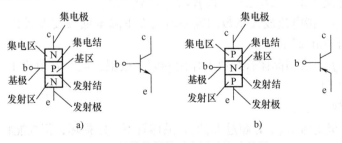

图 3-24　晶体管结构示意图及电路符号

a）NPN 型晶体管及电路符号　b）PNP 型晶体管及电路符号

（2）分类

晶体管按制造的材料不同来分，有硅管和锗管两种；按晶体管的导电极性来分；有NPN型和PNP型两种；按晶体管的工作频率来分，有低频晶体管和高频晶体管两种（工作频率大于3MHz以上的为高频晶体管）；按晶体管允许耗散的功率来分，有小功率晶体管和大功率晶体管（功率在1W以上的为大功率晶体管）。

在晶体管上一般都标有晶体管的型号，根据型号可以知道晶体管的材料（在实际应用中使用较多是硅晶体管）、类别、序号。按国家相关标准规定，晶体管的型号也由5部分构成。其含义见表3-14。

表3-14　晶体管型号的含义

第一部分（数字）		第二部分（拼音）		第三部分（拼音）		第四部分（数字）	第五部分（拼音）
电极数		材料和极性		类型			
符号	意义	符号	意义	符号	意义		
3	晶体管	A	PNP型锗材料	X	低频小功率晶体管	序号	规格号
		B	NPN型锗材料	G	高频小功率晶体管		
		C	PNP型硅材料	D	低频大功率晶体管		
		D	NPN型硅材料	A	高频大功率晶体管		
				K	开关管		

例如：3DG130C表示NPN型硅高频小功率晶体管，规格号为C；3AX52B表示PNP型锗低频小功率晶体管，规格号为B。

2. 晶体管的主要参数

（1）直流参数

1）静态电流放大倍数 $\overline{\beta}$，有的手册中用 h_{FE} 表示，指集电极电流 I_C 与基极电流 I_B 之比，即 $\overline{\beta} = h_{FE} = I_C/I_B$。

2）穿透电流 I_{CEO}，是指基极开路时，集电极与发射极之间加上规定反向电压时的集电极电流，即 $I_B = 0$ 时的 I_C 值。它表明基极对集电极电流失控的程度。小功率硅管的 I_{CEO} 约为 0.1μA，锗管的 I_{CEO} 约为10μA。大功率硅管的 I_{CEO} 约为mA级。

（2）交流参数

1）动态交流电流放大系数 β，有时也用 h_{FE} 表示。是指在共发射极电路，集电极电流变化量 ΔI_C 与基极电流变化量 ΔI_B 之比，即 $\beta = h_{FE} = \Delta I_C/\Delta I_B$。

2）截止频率 f，指电流放大系数因频率增高而下降至低频放大系数的0.707倍时的频率，即 β 值下降了3dB时的频率。

3）特征频率 f_T，表明晶体管起放大作用的频率极限，此时 β 值为1。高频晶体管的 f_T 值可达1000MHz以上。

（3）极限参数

1）最大集电极电流 I_{CM}，I_C 超过 I_{CM} 时，晶体管不一定损坏，但性能将显著变差。

2）最大管耗 P_{CM}，即 I_C 与 U_{CE} 的乘积不能超过此限度，其大小取决于集电结的最高结温。

3）反向击穿电压值 $U_{(BR)CEO}$，指基极开路时加在 C、E 两端的电压的最大允许值，一般为几十伏。

3. 晶体管的选用

根据不同的用途，选用不同参数的晶体管。应用电路综合考虑的参数有特征频率、耗散功率、最大反向击穿电压、最大集电极电流、电流放大倍数等。

1）根据应用电路的需要选择晶体管时，应使晶体管的特征频率高于工作频率的 3～10 倍；若特征频率太高，将会引起高频振荡，影响电路的稳定性。

2）放大倍数选择应适中，若选择得太小，电路的放大能力也小；若选择得太大，则电路的动态电流也大，使晶体管的管壳发热，造成电路的稳定性变差，噪声增大。

3）集电极耗散功率应根据不同应用电路进行选择，通常选择实际耗散功率的 2 倍左右即可。太小，会因过热而烧毁晶体管；太大，则造成浪费。

4）晶体管的耐压选择在电源电压的 2 倍以上。

4. 晶体管的简易测试

（1）判别晶体管的极性

有的晶体管的型号直接标注在管帽上，或者根据晶体管的命名方法即可知其管型是 NPN 或是 PNP。若遇到标注不清，可用万用表作简易测试，以便区别其极性。

由于 PNP 型管和 NPN 型管在正常工作时，所加的电压极性正好相反，因而可利用万用表进行检测。检测方法如下：

将万用表置 $R \times 1k$ 档，先假设晶体管的某电极为基极，然后，将黑、红表笔接在假设的基极上，红表笔依次接另外两个引脚。如果表针所指示的两次阻值都很大，则再将黑、红表笔对调后重测，若表针所指示的两次阻值都很小，那么该管为 PNP 型。而且可以确定假设的基极是正确的。如果假设的基极不正确，则两次测出的电阻值必然不对称，应该更换一个假设基极重新测量。

如果用黑表笔接在假设的基极上，红表笔依次接另外两个引脚时，表针所指示的两次阻值都很小；再将黑、红表笔对调重测，表针所指示的两次阻值都很大，那么该管为 NPN 型。同样可以确定假设的基极是正确的。

（2）判别晶体管的 3 个电极

在了解晶体管型号时，可以通过查阅晶体管手册来查找该管的电极排序。当遇到标记不清时，也可用万用表粗略区分晶体管的 3 个电极。首先确定出晶体管的基极，再进一步判别集电极和发射极。

由于大多数晶体管内部结构并不完全对称，因此可以用万用表来区分集电极和发射极。以晶体管为 NPN 型为例，先假定发射极和集电极，将万用表置 $R \times 1k$ 档，用红表笔接假定的发射极，用黑表笔接假定的集电极，此时表针应基本不动。然后用手指将基极与假定的集电极捏在一起，（注意不能短路）见图 3-25，这时表针应向右侧偏转一个角度。

调换所假定的发射极和集电极，按上述方法重新测量一次。把两次表针偏转角度进行比较，偏转角度大的那一次的电极假定是正确的。这样就可以区分集电极和发射极。

对于 PNP 型管而言，测试方法是一样的，不过要注意表笔极性的接法。应该用黑表笔接假定的发射极，用红表笔接假定的集电极，再用手指将基极与假定的集电极捏在一起（注意不能短路），观察表针偏转情况。

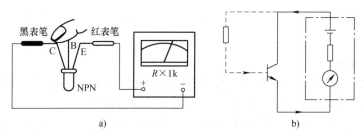

图 3-25　判断晶体管的集电极、发射极

a）测试方式　b）等效电路

【工作任务实施 2】 晶体管的识别与检测

1. 任务目标

1）从外观上识别晶体管的类型及引脚。

2）用万用表检测晶体管质量的好坏及判别引脚。

2. 需准备的工具及材料

万用表一块，晶体管若干。

3. 实施前知识准备

晶体管的结构、类型、符号及主要参数。

4. 实施步骤

1）识别晶体管外壳上符号的意义，从外观上判断各引脚是什么极，并进行记录。

2）根据晶体管的型号，查找手册说明其材料、类型，记入表 3-15 中。

表 3-15　晶体管型号记录表

姓名			班级		时间	
序号		型号	材料	类别	引脚排列	
晶体管	1					
	2					
	3					
	4					

3）用万用表测试晶体管，将各阻值记入表 3-16 中。并练习用万用表判别晶体管的极性、类型及好坏。

表 3-16　晶体管极间电阻检测值

型号								
检测	正向/Ω	反向/Ω	正向/Ω	反向/Ω	正向/Ω	反向/Ω	正向/Ω	反向/Ω
bc 极								
be 极								
ce 极								

4）遮住或重新发放晶体管，用万用表判别各引脚。将考核结果记入晶体管检测考核评分表中，如表 3-17 所示。

表 3-17　晶体管检测考核评分表

考核项目	要求	评分标准	扣分	得分
晶体管的识别 （40 分）	正确识别材料、类别、引脚	型号每漏写或者写错 1 处，扣 5 分		
		材料、类别、引脚每写错 1 处，扣 5 分		
		不会识别，每件扣 10 分		
晶体管的检测 （40 分）	正确使用万用表判别引脚和管型	万用表使用不正确，扣 10 分		
		不会判别管型或引脚，每件扣 5 分		
		不会判别质量好坏，每件扣 5 分		
文明生产 （20 分）	工具摆放整齐，工位卫生符合标准	违反规定扣 10 分		
	认真操作，无大声喧哗等行为	违反规定扣 10 分		
教师		总分		

任务 5　特殊半导体器件

【工作任务描述】

除了二极管、晶体管以外，还经常用到一些其他的半导体器件，如晶闸管、单结晶体管、场效应晶体管等。晶闸管是一种大功率半导体器件，是半导体技术的应用领域由弱电领域进入强电领域的重要标志，在电力电子技术中得到了广泛的应用。本任务学习晶闸管、单结晶体管等的识别和简易测试。

【知识链接 1】　晶闸管

1. 晶闸管的种类和结构

晶闸管即硅晶体闸流管，俗称可控硅（SCR）。它不仅具有硅整流器的特性，更重要的是它能以小功率信号去控制大功率系统，可以作为强电与弱电的接口，高效完成对电能的变换和控制。晶闸管的种类很多，包括普通型（单向型）、双向型、门极关断型、快速型、光控型等。由于晶闸管是大功率器件，一般应用在高电压和较大电流的情况下，常常需要安装散热片，故其外形都便于安装和散热，常见的单向晶闸管外形有螺栓型、平板型和小型塑封型，如图 3-26 所示。

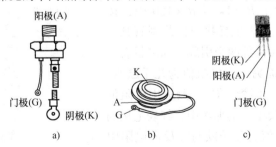

图 3-26　常见晶闸管的外形

a）螺栓型　b）平板型　c）小型塑封型

晶闸管的内部结构、等效电路及符号如图 3-27 所示，它由 PNPN 四层半导体材料构成，中间形成了三个 PN 结 J1、J2 和 J3，由外层 P1 区引出为阳极 A，由外层 N2 区引出为阴极 K，由中间 P2 区引出为门极 G。

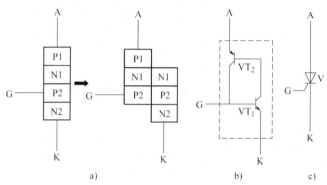

图 3-27　晶闸管的内部结构、等效电路及符号

a）内部结构　b）等效电路　c）符号

2. 常见晶闸管的引脚排列

1）对于螺栓型和平板型晶闸管可以从外形上分辨出引脚对应的电极。螺栓型晶闸管的螺栓端是阳极 A，粗辫子端是阴极 K，细辫子端是门极 G；平板型晶闸管的两个平面分别是阳极 A 和阴极 K，引出线是门极 G。

2）塑封型的可以根据型号查找引脚，例如单向晶闸管 BT169 引脚排列如图 3-28 所示，即把刻有文字面正对自己，引脚朝下观察时，从左到右分别为阴极、门极和阳极，或者通过万用表的测试来判断各引脚。

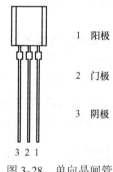

图 3-28　单向晶闸管 BT169 引脚排列

3. 晶闸管的简易测试

利用万用表通过测量其正、反向电阻，判断引脚极性，并检测其好坏。注意：晶闸管门极 G 与阴极 K 之间有一个 PN 结，类似一只二极管，具有单向导电性，而阳极 A 与门极 G 之间有两个 PN 结，阳极 A 与阴极 K 之间有 3 个 PN 结，因这些 PN 结是反串在一起的，所以正、反向电阻均很大。

（1）极性的判断

将指针式万用表置于 $R \times 1k$ 或 $R \times 100$ 档，按图 3-29 所示进行测试。黑表笔任接单向晶闸管某一引脚，红表笔依次去触碰另外两个引脚，如测量有一次电阻值为几百欧姆，而另一次电阻值为几千欧姆，则可判定黑表笔所接的为门极（G）。测量中电阻值为几百欧姆（正向电阻较小）的那次中，红表笔接的便是阴极（K），而电阻值为几千欧姆（反向电阻阻值很大）的那次测量，红表笔接的是阳极（A）。如果两次测出的电阻值都很大，说明黑表笔接的不是门

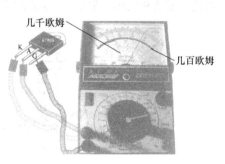

图 3-29　用万用表判断晶闸管的极性

56

极（G），应调换引脚再进行测试，直到找到正反向电阻值一大一小的两个电极为止。

（2）好坏的判断

如图 3-30 所示，用万用表的电阻档通过测正、反向电阻来判断好坏。测得阳极 A 与门极 G，阳极 A 与阴极 K 间正、反向电阻应该均很大，门极 G 与阴极 K 间正、反向电阻有差别，说明晶闸管是好的；否则，晶闸管是坏的，不能使用。

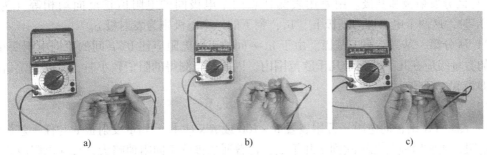

图 3-30　用万用表判断晶闸管的好坏

a）测阳极与阴极间的电阻　b）测阳极与门极间的电阻　c）测阴极与门极间的电阻

【知识链接2】 单结晶体管

1. 单结晶体管的结构和符号

单结晶体管也是一种半导体器件，外形与普通晶体管相似。单结管的结构如图 3-31a 所示，为具有一个 PN 结的半导体器件。它有 3 个电极：发射极 e、第一基极 b_1 和第二基极 b_2。由于只有一个 PN 结，所以称为单结管或双基极二极管。单结管的图形符号如图 3-31b 所示，发射极箭头倾斜指向 b_1 极，表示经 PN 结的电流只流向 b_1 极。图 3-31c 是它的等效电路图。因为 e 和 b_1 间是一个 PN 结，故用二极管等效，其正向压降 $U_D \approx 0.7\text{V}$。R_{eb1} 表示 e 与 b_1 间电阻，它随发射极电流而变，即 i_e 上升，R_{b1} 下降。R_{eb2} 表示 e 与 b_2 间的电阻，其值与 i_e 无关。两基极间电阻 $R_{bb} = R_{b1} + R_{b2}$。图 3-31d 是常见单结管的引脚排列图，供使用和检测时参考。常见单结晶体管的型号有 BT31、BT32、BT33、BT35 等。

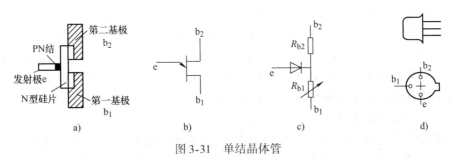

图 3-31　单结晶体管

a）结构示意图　b）符号　c）等效电路　d）引脚排列

2. 单结晶体管的特性

单结晶体管具有以下特性：在两个基极 b_2、b_1 之间加上正向电压后，如果在 e、b_1 两电极间加一个缓慢增大的电压 u_e，当 u_e 增大到 u_p 时，发射极开始有电流 i_e 流入，R_{b1} 随之减小，使 i_e 进一步增大。当 i_e 继续增大时，使 R_{b1} 进一步减小，导电性能急剧增大。因此在元件内部形成强烈的正反馈，使单结晶体管瞬时导通。这种电阻值随电流的增大而减小的特性，称为单结晶体管的负阻特性。单结晶体管完全导通后，电极 e、b_1 之间的电压很快降低，当 $u_e < u_v$（定值）时，晶体管重新恢复截止状态。

3. 单结晶体管的简易测试

（1）区分电极

1）区分发射极和基极。用万用表测任意两个电极间的电阻值正反向均相等（为 2 ~ 10kΩ）时，这两个电极即为基极 b_1、b_2，剩下的一个电极则为发射极 e。

2）区分第一基极与第二基极。由于 b_2-e 间的正向电阻应比 b_1-e 间的正向电阻要小些，它们的数量级应在几千欧到十几千欧范围内，因此，当测得的阻值较小时，其红表笔所接的电极即为 b_2，否则为 b_1。

（2）测量好坏

1）测量 PN 结正向电阻。万用表置 $R \times 100$ 或 $R \times 1k$ 档，测量发射极 e 与任一基极间的正向电阻，正常时应为几千欧到十几千欧，比普通二极管正向阻值略大，反向电阻应趋于无穷大。一般以正反向电阻比大于 100 为宜。

2）测量基极电阻 R_{bb}。万用表仍置 $R \times 100$ 或 $R \times 1k$ 档，测量 b_1-b_2 间的阻值应在 2 ~ 10kΩ 范围内。若阻值过大或过小，均不宜使用。

3）测量负阻特性。在 b_1-b_2 间外接 10V 电源（b_2 接电源正极，b_1 接电源负极），万用表置 $R \times 100$ 或 $R \times 1k$ 档，红表笔接 b_1 极，黑表笔接 e 极，这相当于在 e-b_1 之间加有 1.5V 正向电压。正常时，表针应停驻于无穷大处，表示晶体管处于截止状态，若指针向右偏摆，则表示晶体管无负阻特性，因此不宜使用。

【知识链接 3】 场效应晶体管

场效应晶体管（Field Effect Transistor, FET）由多数载流子参与导电，也称为单极型晶体管。它属于电压控制型半导体器件，具有输入阻抗高（10^7 ~ $10^{15}\Omega$）、噪声低、功耗低、热稳定性好、易于集成等优点，被广泛应用于各种放大电路、数字电路中。

1. 场效应晶体管的分类

场效应是指半导体材料导电能力随电场变化而变化的现象。当加入一个变化的输入信号时，信号电压的改变会使场效应晶体管电场改变，从而改变它的导电能力；其输出电流随电场信号的变化而变化，即它的输出电流大小，取决于输入信号电压的大小。场效应晶体管可分为两类，一类是结型场效应晶体管（Junction FET, JFET），另一类是绝缘栅型场效应晶体管（Metal‑oxide Semiconductor FET, MOS‑FET）。

（1）结型场效应晶体管

结型场效应晶体管结构和电路符号如图 3-32 所示，它是在一块 N（或 P）型硅半导体的两侧用扩散方法制成的两个 PN 结。N（或 P）型半导体的两个电极分别叫漏极 D 和源极 S，两个 P（或两个 N）区引出的电极叫栅极 G。结型场效应晶体管可分为 N 沟道管（见图 3-32a）和 P 沟道管（见图 3-32b）两种。

（2）绝缘栅型场效应晶体管

按其工作状态，绝缘栅型场效应晶体管可分为增强型和耗尽型两类，每一类又有 N 沟道型和 P 沟道型之分。绝缘栅型场效应晶体管是在一块低掺杂的 P 型硅片上，通过扩散工

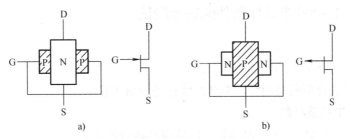

图 3-32　结型场效应晶体管结构和电路符号

a）N 沟道管　b）P 沟道管

艺形成两个相距很近的高掺杂 N 型区，分别作为漏极 D 和源极 S；在两个 N 型区之间硅片表面上有一层很薄的二氧化硅绝缘层，使两个 N 型区隔绝；在绝缘层上面蒸发一个金属电极即为栅极 G。因为栅极和其他电极及硅片之间是绝缘的，故称为绝缘栅型场效应晶体管，或称金属-氧化物-半导体场效应晶体管，简称 MOS 场效应晶体管，其中 "M" 表示金属，"O" 表示氧化物，"S" 表示半导体。这种场效应晶体管由于栅极绝缘，因此输入电流几乎为零，输入电阻一般在 $10^{12}\Omega$ 以上。绝缘栅型场效应晶体管可分为 N 沟道增强型和 N 沟道耗尽型，及 P 沟道增强型和 P 沟道耗尽型绝缘栅型场效应晶体管。N 沟道增强型和 N 沟道耗尽型绝缘栅型场效应晶休管结构与电路符号如图 3-33 所示。

选用场效应晶体管时，应根据实际应用电路的使用场合、工作特点来选取场效应晶体管的类型，且实际应用电路的电流、电压不能超过所选晶体管的极限参数，并应留有裕量。

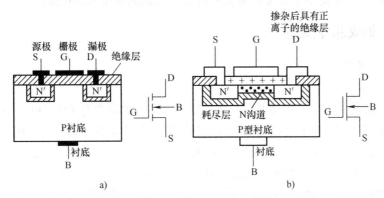

图 3-33　N 沟道绝缘栅型场效应晶体管的结构和电路符号

a）N 沟道增强型结构和电路符号　b）N 沟道耗尽型结构和电路符号

2. 场效应晶体管使用的注意事项

1）结型场效应晶体管的栅源电压不能接反，可以在开路状态下保存，而绝缘栅型场效应晶体管由于输入阻抗极高，所以在运输、贮存中必须将引出脚短路，要用金属屏蔽包装，以防止外来感应电势将栅极击穿。尤其要注意，不能将 MOS 管放入塑料盒子内，保存时最好放在金属盒内，同时也要注意 MOS 管的防潮。

2）为了防止场效应晶体管栅极感应击穿，要求一切测试仪器、工作台、电烙铁、电路本身都必须有良好的接地；引脚在焊接时，先焊源极；在连入电路之前，MOS 管的全部引线端保持互相短接状态，焊接完后才把短接材料去掉。

【工作任务实施】 特殊半导体器件的简单测试

1. 任务描述

1）熟悉各种特殊半导体器件的外形。

2）会用万用表对单向晶闸管、单结晶体管进行简单检测。

2. 需准备的工具及材料

万用表一只，晶闸管、单结晶体管、场效应晶体管若干只。

3. 实施前知识准备

晶闸管、单结晶体管、场效应晶体管的符号及主要作用。

4. 实施步骤

1）记录学生分组情况，识别晶闸管、单结晶体管、场效应晶体管。

2）用万用表对晶闸管、单结晶体管的引脚判别及质量性能进行检测。

任务6 常用集成电路的识别与检测

【工作任务描述】

集成电路的普遍使用标志着电子技术发展到了一个新的阶段。在模拟电路和数字电路中，集成电路已成为常用的基本器件，例如集成运算放大器和各种数字逻辑电路都是常用的集成电路。通过本任务简单了解常用集成电路芯片的识别和简单测试方法。

【知识链接】 集成芯片概述

1. 集成电路分类

（1）数字集成电路

数字集成电路按结构分双极型电路和单极型电路，其中前者有 TTL、ECL、HTL 等，后者有 JFET、CMOS 等形式。TTL 电路是用双极型晶体管作为基本器件集成在一块硅片上制成的，品种多、产量大，国产 TTL 电路有 T1000～T4000 系列，其中 T1000 系列与国标 CT54/74 系列及国际 SN54/74 系列相同。CMOS 电路是以单极型晶体管作为基本器件制成的，具有功耗低、速度快、抗干扰能力强、温度稳定性好等优点，而且制造工艺简单，便于大批量生产。

（2）模拟集成电路

模拟集成电路按用途分：运算放大器、直流稳压器、功率放大器、电压比较器等。模拟集成电路的电源电压根据型号不同而不同。

1）集成运算放大器。

集成运算放大电路简称集成运放或运放，由于在发展初期主要用于模拟计算机的数学运算，所以称为"运算放大器"，目前的应用早已超出了数学运算的范畴。运算放大器符号如图 3-34 所示。它有两个输入端和一个输出端，其中反相输入端标有"－"号，表示输出信号与输入信号相位相反；同相输入端标有"＋"号，表示输出信号与输入信号相位相同。

2）集成稳压器。

集成稳压器应用在直流稳压电源中，具有体积小、外围元器件少、性能稳定可靠、使用调整方便和价廉等优点，近年来已得到广泛的应用。目前国产的三端集成稳压器有CW78××系列（输出为正电压）和CW79××系列（输出为负电压）。C表示国标，W表示稳压器。国外产品有LM（美国NC公司）、A（美国仙童公司）、MC（美国摩托罗拉公司）、TA（日本东芝公司）、HA（日立公司）等。

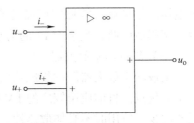

图3-34 运算放大器符号

集成稳压器按照输出电压是否可调分为固定式和可调式；按照输出电压的正、负极性分为正稳压器和负稳压器；按照引出端子分为三端和多端集成稳压器，其中小功率的稳压电源以三端式串联集成稳压器应用最为广泛。三端集成稳压器有三个接线端，即接电源的输入端，接负载的输出端和公共接地端，它们的外形和符号如图3-35所示。其输出电压有±5V、±6V、±8V、±9V、±12V、±24V等，最大输出电流有0.1A、0.5A、1A、1.5A、2.0A等。

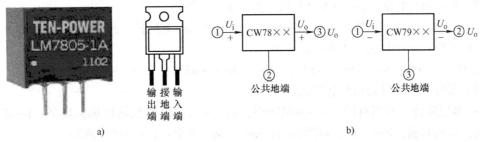

图3-35 集成稳压器
a）外形 b）符号

在实际应用中，可根据所需输出电压、电流，选用符合要求的CW78××、CW79××系列产品。CW7812、CW7912集成稳压器的电路的接法见图3-36和图3-37所示。其图3-36所示为单路输出正电压，图3-37所示为单路输出负电压。

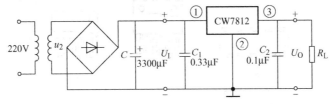

图3-36 单路输出正电压

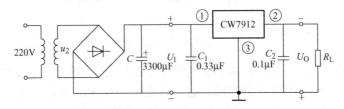

图3-37 单路输出负电压

三端固定式集成稳压器使用和安装较为方便，适用于对可靠性和稳压性能要求较高的电压场合。除此之外，还有三端可调式集成稳压器，它既保留了三端的简单结构，又实现了输出电压连续可调。常见的产品还有国产型号 CW317、CW337 等，进口型号 LM317、LM337 等。字母后面两位数字为 17 的为正电压输出；若为 37，则为负电压输出。

（3）集成功率放大器

集成功率放大器简称集成功放，具有温度稳定性好、电源利用率高、功率低、非线性失真小等优点。目前应用较广的 LM386 是美国国家半导体公司生产的音频功率放大器，外接元器件少，应用时不必加散热片，主要应用于低电压消费类产品。

2. 集成电路的型号及命名

我国国家标准中规定，集成电路型号由 5 部分组成。

第一部分：表示符合我国国家标准，用 C 表示。

第二部分：用字母表示电路的分类。

AD—模拟数字转换器；C—CMOS 电路；DA—数字模拟转换器；F—运算放大器，线性放大器；M—存储器；B—非线性电路；D—音响电路；E—ECL 电路；J—接口电路；S—特殊电路；T—TTL 电路；μ—微型计算机电路；W—稳压器。

第三部分：用数字或字母表示品种代号，与国家标准上品种一致。

第四部分：用字母表示工作温度范围。

C：0 ~ +70℃；R：－55 ~ +85℃；E：－40 ~ +85℃；M：－55 ~ +125℃。

第五部分：用字母表示封装形式。

D—多层陶瓷，双列直插；F—多层陶瓷，扁平；H—黑瓷低熔玻璃，扁平；J—黑瓷低熔玻璃，双列直插；P—塑料，双列直插；K—金属，菱形；T—金属，圆形。

3. 集成电路外形及引脚排列

集成电路一般采用塑料封装，其外形与引脚排列如图 3-38 所示。集成电路的封装形式有晶体管封装、直插式、扁平封装。集成电路引脚排列有一定的规律，将结构特征（键、凹口、标记等）置于俯视图左侧，由左下角起逆时针方向，依次为 1、2、3、4、…。

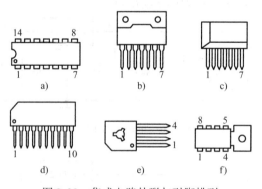

图 3-38 集成电路外形与引脚排列

要正确地安装、测试、调整集成电路所构成的电子电路，除了需要了解集成电路的外形和引脚排列顺序外，还应了解各引脚的功能，因此需要看懂说明书（或安装图）中标出的各引出端（即各引脚）功能符号的意义。表 3-18 列出了部分国家标准 GB 3431.2—1986《半导体集成电路文字符号 引出端功能符号》所规定的集成电路引出端功能符号。

表 3-18　集成电路部分（国家标准）引出端功能符号

引出端名称	电源（集电极、正电源）	电源（发射极、负电源）	基准电源、基准电压	公共接地	数据输入	输出	同相输入	反相输入	输出
符号	V_{CC}	V_{EE}	V_{REF}	COM、GND	A、B、C…	Y	IN_+	IN_-	OUT

4. 集成电路检测时要注意的问题

1）首先要了解所用集成块的功能、内部电路、主要电参数、各引脚的作用以及各引脚的正常电压、波形等。

2）测试时要防止表笔或探头滑动而造成集成电路引脚间短路。

3）测试仪表内阻要大。

4）MOS 集成电路要注意防静电。

5）不要轻易判定集成电路的损坏，先要排除外围元器件损坏的可能性。

5. 集成电路使用要点

1）使用前对该集成电路的功能、内部结构、电特性、外形封装以及与该集成电路相连接的电路进行全面分析和理解，在使用情况下的各项电性能参数不得超出该集成电路所允许的最大使用范围。

2）安装集成电路时要注意方向不要接反了，否则，通电时集成电路很可能被烧毁。在不同型号间互换时尤其要注意。

3）要处理好空脚，遇到空的引脚时，不应擅自接地，这些引脚为更替或备用引脚，有时也作为内部连接。CMOS 电路中不用的输入端不能悬空，应根据电路的逻辑功能要求分别加以处理，例如 CMOS 或非门不用的输入端应接地。

4）注意引脚能承受的应力与引脚间的绝缘。

5）对功率集成电路需要有足够的散热。

6）不应带电插拔集成电路。

7）集成电路及其引脚应远离脉冲高压源。

8）防止感性负载的感应电动势击穿集成电路，可在集成电路相应引脚处接入保护二极管以防止过电压击穿。要注意供电电源的稳定性，否则要在电路中增设诸如二极管组成的浪涌吸收电路。

【工作任务实施】集成电路的简单测试

1. 任务目标

1）熟悉集成电路的引脚排列。

2）会用万用表对集成电路进行简易测试。

3）会通过集成电路芯片的型号查找资料，说明电路的功能及各引脚作用。

2. 需准备的工具及材料

万用表一块，集成芯片若干只，电子元器件手册。

3. 实施前知识准备

集成芯片检测的注意事项，集成芯片的引脚排列。

4. 实施步骤

1）查找资料，找到集成芯片的型号、功能，熟悉集成芯片的引脚排列规律，根据资料了解各引脚的作用。

2）集成运放的简易测试。将万用表置于 $R \times 100$ 或 $R \times 1k$ 档，检测集成运放同相输入端和反相输入端之间的正、反向电阻；检测正、负电源端以及各输入端与输出端之间的电阻，一般不应出现短路和断路现象。

任务 7 片状元器件（SMC/SMD）的识别

【工作任务描述】

片状元器件（SMC 和 SMD）是壳引线或短引线的新型微型元器件，它适合于在没有通孔的印制电路板上安装，是表面贴装技术（SMT）的专用元器件，是电子生产企业中较为常用的元器件，通过本任务认识各种片状元器件。

【知识链接】 片状元器件概述

1. 片状电阻器

片状电阻器是贴片式元器件中应用最广的元件之一。常用的片状电阻器有矩形电阻器和圆柱形电阻器，外形如图 3-39 所示。片状电阻器的电阻值一般直接标志在电阻器的一面，黑底白字。通常用3 位数表示，前 2 位数字表示阻值的有效数字，第 3 位表示有效数字后零的个数。如 100 表示 10Ω，102 表示 $1k\Omega$。当阻值小于 10Ω 时，用"R"表示，将 R 看作小数点，如 R22 表示 0.22Ω，2R2 表示 2.2Ω。起跨接作用的 0Ω 片状电阻，无数字和色环标志，一般用红色或绿色表示，以示区别，其额定电流为 2A，最大浪涌冲击电流为 10A。

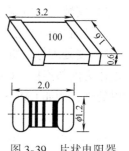

图 3-39 片状电阻器

2. 片状电位器

片状电位器是一种常用的调整元件，在电路中用于频率、放大器增益的调整或确定分压比或基准电压的调整等，其外形如图3-40 所示。片状电位器体积小，质量轻，阻值范围大（10Ω ~ $2M\Omega$），高频特性好，使用频率可超过 100MHz，额定功率一般有 1/20W，1/10W，1/8W，1/5W，1/4W，1/2W 六种。

图 3-40 片状电位器

3. 片状电容器

常用的贴片式电容器有多层陶瓷电容器、片状电解电容器、片状微调电容器等，外形如图 3-41 所示。片状电容器的容量标注，一般由 2 位组成，第 1 位是英文字母，代表有效数字；第 2 位是数字，代表 10 的指数，电容单位为 pF。如一个电容器标注为 G3，则电容器的标称值为 $1.8 \times 10^3 = 1800pF$。片状矩形电容都没有印制标志，贴装时无朝向性，购买或维修时应特别注意。

图 3-41 片状电容器

a) 矩形片状电容器 b) 陶瓷微调电容器 c) 片状电解电容器

4. 片状电感器

片状电感器可分为小功率电感器及大功率电感器两类。小功率电感器主要用于视频及通信方面（如选频电路、振荡电路等）；大功率电感器主要用于 DC – DC 变换器（如用作储能元件或 *LC* 滤波元件）。其外形如图 3-42 所示。

图 3-42 片状电感器

片状小功率电感器有 nH 及 μH 两种单位。用 nH 作单位时，用 N 或 R 表示小数点。例如，4N7 表示 4.7nH，4R7 则表示 4.7μH；10N 表示 10nH，而 10μH 则用 100 来表示。大功率电感器上有时印上 680K、220K 字样，分别表示 68μH 及 22μH。

5. 片状二极管

片状二极管主要有整流二极管、开关二极管、稳压二极管、发光二极管等，它们在小型电子产品及通信设备中得到了广泛应用。常见片状二极管的外形如图 3-43 所示。图 3-44 给出了几种典型片状二极管的内部结构。矩形片状二极管根据管内所含二极管的数量及连接方式，有单管、对管之分；对管又分共阳、共阴和串接等方式。

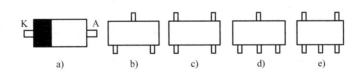

图 3-43 常见片状二极管的外形

a) SOD323 b) SOT523 c) SC61 d) SOT23 e) SOT353

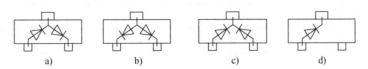

图 3-44 典型片状二极管的内部结构

a) 串联式 b) 共阳式 c) 共阴式 d) 独立式

6. 片状晶体管

片状晶体管是由传统引线式晶体管发展而来的，它们的管芯相同，仅封装不同，并且片状晶体管大部分沿用了引线式的原型号。普通片状晶体管有 3 个电极的，也有 4 个电极的，其外形及引脚如图 3-45 所示。

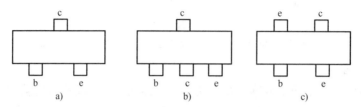

图 3-45　普通片状晶体管的外形及引脚排列图

a) SOT25　b) SOT89　c) SOT343

【工作任务实施】 片状元器件的识别训练

1. 任务目标

熟悉按片状电阻、电容和电感的外观标志判断标称电阻值、电容量和电感量。

2. 需准备的工具及材料

片状电阻器、电容器及电感器若干只。

3. 实施前知识准备

片状电阻器、电容器及电感器的标注方法。

4. 实施步骤

1）判断各片状元器件的标称值，并说明采用标志法的名称，将判断结果填入表 3-19 中。

表 3-19　片状元器件的判读

元器件名称	元器件标注内容	判读结果	采用标志法名称	备注
片状电阻器				
片状电容器				
片状电感器				

2）出示 10 个片状元器件，要求学生识读，教师将考核结果记录到片状元器件的识别考核标准评分表（表 3-20）中。

表 3-20　片状元器件的识别考核标准评分表

考核项目	要求	评分标准	扣分	得分
片状电阻器的识别 （30 分）	识读标称值，说明采 用标注方法名称	标称值识读错误扣 5 分		
		标注方法名称错误扣 10 分		
片状电容器的识别 （30 分）	识读标称值，说明采 用标注方法名称	标称值识读错误扣 5 分		
		标注方法名称错误扣 10 分		
片状电感器的识别 （20 分）	识读标称值，说明采 用标注方法名称	标称值识读错误扣 5 分		
		标注方法名称错误扣 10 分		
文明生产 （20 分）	工具摆放整齐，工位 卫生符合标准	违反规定扣 10 分		
	认真操作，无大声喧 哗等行为	违反规定扣 10 分		
教师		总分		

任务 8　其他常用元器件的识别

【工作任务描述】

在电路中还有一些电声器件、显示器件、传感器件、开关器件等，对实现电路的功能起着非常重要的作用。通过本任务，熟悉这些常用元器件的外形、简单的检测方法。

【知识链接 1】电声器件

电声器件是一种电声换能器，它可以将电能转换成声能，或者将声能转换成电能。电声器件包括传声器、扬声器与耳机等。由于电声器件种类繁多，这里仅对一些应用最广泛的电声器件进行介绍。

1. 驻极体电容式传声器

（1）驻极体传声器结构

传声器俗称话筒或麦克风。驻极体是一种永久性极化的电介质，利用这种材料制成的电容式传声器称为驻极体电容式传声器。

驻极体传声器的原理如图 3-46a 所示。其工作原理是：由于驻极体薄膜片（通常厚度为 10～12μm）上有自由电荷，当声波的作用使薄膜片产生振动时，电容器的两极之间就有了电荷，于是改变了静态电容，电容的改变使电容器的电输出端之间产生了随声波变化而变化的交变电压信号，从而完成声电转换。

驻极体传声器按结构可分为振膜驻极体传声器和背极驻极体传声器。普通型的振膜驻极体传声器的实体剖视图如图 3-46b 所示。由于驻极体传声器是一种高阻抗器件，不能直接与音频放大器匹配，使用时必须采用阻抗变换，使其输出阻抗呈低阻抗，因此在传声器内接入一只输入阻抗高、噪声系数小的结型场效应晶体管实现阻抗变换。驻极体传声器的图形符号如图 3-46c 所示。

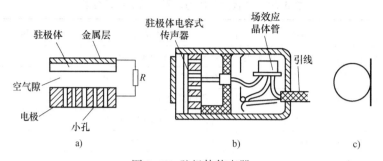

图 3-46 驻极体传声器

a）原理 b）实物剖视图 c）符号

（2）驻极体传声器的测试

1）极性判别。驻极体传声器的输出端对应内部场效应晶体管的漏极和源极，内部场效应晶体管的栅极和源极之间接有一只二极管，利用二极管的正反向电阻特性可判断驻极体传声器输出端。将万用表置 $R \times 100$ 档，黑表笔接驻极体传声器的任一输出端，红表笔接另一输出端，测得一阻值；再交换两表笔，又测得一阻值，比较两次结果，值小者，黑表笔接触的为与源极对应的输出端，红表笔接触的为与漏极对应的输出端。

2）质量判断。将万用表置 $R \times 1k$ 档，黑表笔接传声器漏极 D，红表笔接传声器的源极 S，同时接地，对着传声器说话，观察万用表指针，若万用表指针不动即无指示，说明传声器已失效；有指示则表明正常。指示范围的大小，表示传声器灵敏度的高低。

2. 动圈式传声器的结构

（1）动圈式传声器的结构

动圈式传声器是一种最常用的传声器。它由磁铁、音圈、振膜和升压变压器等组成，是一种运动导体呈圆形线圈的电动式传声器。动圈式传声器外形、内部结构及图形符号如图 3-47 所示。其工作原理是振膜随着声波而振动，从而带动音圈在磁场中做切割磁力线运动，线圈两端产生感应音频电动势，实现了声能-机械能-电能的转换，将声能变成了电信号。

动圈式传声器有低阻抗 200Ω、250Ω、600Ω 和高阻抗 10kΩ、20kΩ 两大类，常用的是 600Ω 的动圈式传声器，其频率响应范围一般为 200Hz～5kHz，优质的可达 20Hz～20kHz。动圈式传声器稳定可靠、使用方便、固有噪声小，多用于语言广播和扩声系统中。

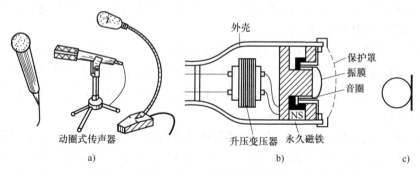

图 3-47 动圈式传声器

a）外形 b）内部结构 c）图形符号

（2）动圈式传声器的简易测试

测低阻抗传声器时，用万用表 $R \times 1$ 档；测高阻抗传声器时，用万用表 $R \times 100$ 档或 $R \times$ 1k 档，将两根表笔分别接触动圈式传声器的线芯与屏蔽线，正常的传声器应听到发出的"咯咯"声（用 $R \times 1k$ 档时，声音小些）。若万用表指针指示为"0"或"∞"，或无声，则表明该动圈式传声器有故障。

传声器的选用：通常在对音质要求不高的场合（如会议扩音等）所使用的传声器，可以选用驻极体传声器或选用普通动圈式传声器，当说话人位置不移动且与扬声器距离较近时，应选用单方向性、灵敏度较低的传声器，以减少杂音干扰及防止啸叫；在对音质要求高的场合（如高质量的录音等）所使用的传声器，可以选用高级动圈式传声器或其他高品质的传声器。此外传声器的阻抗匹配问题也要重点考虑。

3. 电动式扬声器

电动式扬声器可分为电动式锥盆扬声器、电动式号筒扬声器和球顶式扬声器。在实际中，使用最为广泛的是电动式锥盆扬声器。

（1）电动式锥盆扬声器的工作原理

电动式锥盆扬声器的工作原理：振动系统中的音圈均匀地插入磁缝隙中，当音频电流通过音圈时，音圈中就会产生随音频电流变化的磁场，由于音圈磁场和磁体的磁场相互吸引和相互排斥作用，就产生了一种向前或向后的力，使音圈沿轴向做往复运动。音圈的运动推动了锥盆的振动，锥盆的振动又激励了周围空气的振动，使扬声器周围的空气密度发生变化，从而产生了声音。电动式扬声器及图形符号如图 3-48 所示。

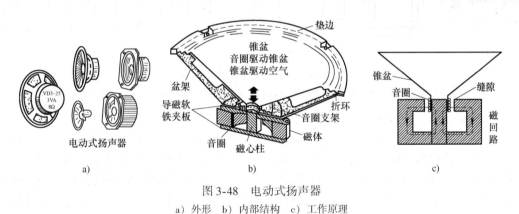

图 3-48　电动式扬声器
a）外形　b）内部结构　c）工作原理

（2）电动式锥盆扬声器的简易测试

给扬声器加音频信号，则可直观地检查出扬声器的好坏、音质及灵敏度高低。也可用指针式万用表的 $R \times 1$ 档对电动式扬声器做简易检测，即将两表笔断续触碰扬声器两接线端，应可听到"喀、喀"声。声音清晰响亮，表明扬声器质量较好；反之淤涩沙哑，说明质量不好。然后测量扬声器的直流电阻值，通常实测值约为其标称阻抗的 80% ~ 90%。例如一个 8Ω 标称阻抗的电动扬声器，实测直流电阻约为 6.4 ~ 7.2Ω。如果实测阻值太小，一般是该扬声器音圈有问题（特殊品种除外）。倘若测量时听不到扬声器发出声响，同时表针不动，说明扬声器音圈或引线断路；若扬声器不发声而表针偏转且阻值基本正常，表明扬声器振动系统有问题，大多是音圈变形或磁钢偏离正常位置，使音圈及音盆不能振动发声。

【知识链接 2】 显示器件

电子显示器件是指将电信号转换为光信号的光电转换器件，即用来显示数字、符号、文字或图像的器件。

1. LED 数码管

（1）LED 数码管组成

发光二极管是由半导体材料制成的，它能将电信号转换成光信号。将发光二极管制成条状，再按照一定方式连接组成"8"即构成 LED 数码管。LED 数码管分共阳极和共阴极两种，内部结构如图 3-49 所示。它的每一段对应于一个半导体发光二极管。a~g 代表 7 个笔段的驱动端，也称为笔段电极。DP 是小数点。当外加正向电压时，二极管发光，点亮相应字段，选择不同字段发光，就可显示不同的数码。如 a、b、c、d、e、f、g 七段全亮时，显示数字 8；字段 b、c、f、g 点亮时，显示数字 4。对于共阴极接法，对应二极管接高电平时相应字段点亮，而对于共阳极接法，则是接低电平时相应字段点亮。实际使用中，为了限制流过二极管的电流，每个二极管必须串联一个 100Ω 左右的限流电阻。

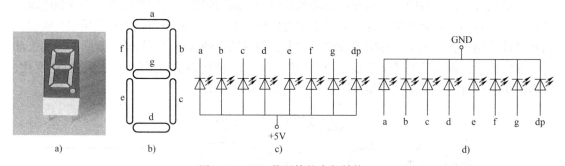

图 3-49 LED 数码管的内部结构

a）LED 数码管外形 b）LED 数码管各段对应关系 c）共阳极接法 d）共阴极接法

（2）LED 数码管的检测

1）类型与公共端的判别。在判别 LED 数码管类型及公共端（COM）时，万用表置 $R \times 10k$ 档，测量任意两引脚之间的正、反向电阻，当出现阻值小时，说明黑表笔接的为发光二极管的正极，红表笔接的为负极，然后黑表笔不动，红表笔依次接其他各引脚，若出现阻值小的次数大于两次时，则黑表笔接的引脚为公共端，被测数码管为共阳极类型，若出现阻值小的次数仅有一次，则该次测量时红表笔接的引脚为公共端，被测数码管为共阴极数码管。

2）各段极的判别。在检测 LED 数码管各引脚对应的段时，万用表选择 $R \times 10k$ 档。对于共阳极数码管，黑表笔接公共端，红表笔接其他某个引脚，这时会发现数码管某段会有微弱的亮光，如 a 段有亮光，表明红表笔接的引脚与 a 段发光二极管负极连接；对于共阴极数码管，红表笔接公共端，黑表笔接其他某个引脚，会发现数码管某段会有微弱的亮光，则黑表笔接的引脚与该段发光二极管正极连接。

2. 液晶显示器（LCD）

（1）LCD 原理

液晶是一种介于晶体和液体之间的中间物质，具有晶体的各向异性和液体的流动性。利用液晶的电光效应和热光效应制作成的显示器就是液晶显示器。液晶显示器最大的特点是液晶本身不会发光，它要借助自然光或外来光才能显示，且外部光线越强，显示效果越好。液晶显示器具有工作电压低（2~6V）、功耗小、体积小、重量轻、工艺简单、使用寿命长和价格低等优点，在便携式电子产品中应用较广。它的缺点是工作温度范围窄（-10~+60℃），响应时间和余辉时间较长（ms级）。笔段式液晶显示屏的外形如图3-50所示。

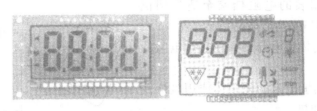

图 3-50　笔段式液晶显示屏的外形

（2）LCD 的检测

1）公共极的判断。检测时，万用表置 $R \times 10k$ 档，红黑表笔接显示屏任意两引脚，当显示屏有某段显示时，一支表笔不动，另一支表笔接其他引脚，如果有其他段显示，则不动的表笔所接为公共极。

2）好坏检测。在检测静态驱动笔段式液晶显示屏时，万用表置 $R \times 10k$ 档，将一支表笔接显示屏的公共极引脚，另一支表笔依次接各段极引脚，当接到某段极引脚时，万用表就通过两表笔给公共极与段极之间加有电压，如果该段正常，该段的形状将会显示出来。如果显示屏正常，则各段显示应清晰、无毛边；如果某段无显示或有断线，则该段极可能有开路或断极；如果所有段均不显示，则可能是公共极开路或显示屏损坏。在检测时，有时测某段时邻近的段也会显示出来，这是正常的感应现象，可用导线将邻近段引脚与公共极引脚短路，即可消除感应现象。

【知识链接3】传感器件

传感器是能将非电量信号转换成便于检测的电信号的一种装置、器件或元件，是一种敏感元件。敏感元件种类繁多，通常按基本性能可分为光敏元件、热敏元件、力敏元件、气敏元件、磁敏元件、声敏元件、味敏元件、色敏元件、湿敏元件、压敏元件、射线敏元件、视敏元件等。

1. 热敏电阻

（1）外形及符号

热敏电阻是由金属氧化物的粉末按一定的比例混合烧结而成的一种新型半导体测温元件。半导体热敏电阻，习惯上简称为"热敏电阻"，由于它具有灵敏度高、精度高、制造工艺简单、体积小、用途广泛等特点而被广泛采用。热敏电阻的工作原理很简单，即在温度的作用下，热敏电阻的有关参数将发生变化，从而变换成电量输出。热敏电阻的外形及电路符号如图3-51所示。

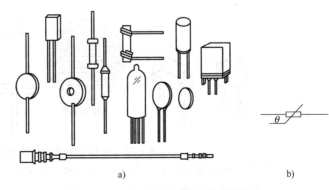

a)　　　　　　　　　　　　b)

图 3-51　热敏电阻的外形及电路符号
a) 外形　b) 电路符号

（2）热敏电阻的检测

由于热敏电阻对温度的敏感性高，所以不宜用万用表来测量它的阻值，因为万用表的工作电流较大，电流流过热敏电阻器会使其发热而使阻值发生变化，因此用万用表只能作热敏电阻好坏的检测；以 MF11 热敏电阻为例，检测方法如图 3-52 所示。

1）把指针万用表的电阻档调至适当档位（视热敏电阻标称阻值来确定档位）。

2）用鳄鱼夹代替表笔分别夹住热敏电阻的两根引线。

3）用手握住热敏电阻的电阻体或用电烙铁靠近热敏电阻对其加热。

4）观察万用表指针在热敏电阻加热前后的偏转情况，若指针无明显偏转，则热敏电阻已失效；若指针偏转明显，则热敏电阻可以使用。

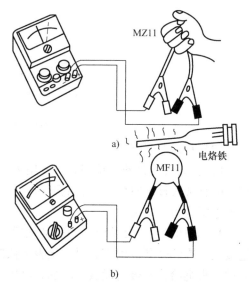

图 3-52 热敏电阻检测方法

2. 光敏电阻

（1）外形及符号

光敏电阻是一种利用光敏感材料的内光电效应制成的光电元件。它具有精度高、体积小、性能稳定、价格低等特点，被广泛应用于自动化技术中，作为开关式光电信号传感元件。光敏电阻的工作原理简单，它由一块两边带有金属电板的光电半导体组成，电极和半导体之间呈欧姆接触，使用时在它的两电极上施加直流或交流工作电压。在无光照射时，光敏电阻呈高阻态，回路中仅有微弱的暗电流通过；在有光照射时，光敏材料吸收光能，使电阻率变小，光敏电阻呈低阻态，回路中仅有较强的亮电流，光照越强，阻值越小，亮电流越大，当光照停止时，光敏电阻又恢复高阻态。

选用光敏电阻时，应根据实际应用电路的需要来选择暗阻、亮阻合适的光敏电阻。通常应选择暗阻大的，暗阻与亮阻相差越大越好，且额定功率大于实际耗散功率的、时间常数较小的光敏电阻。光敏电阻外形结构及电路符号如图 3-53 所示。

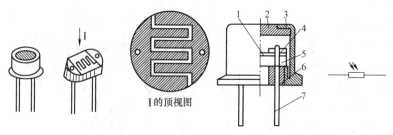

图 3-53 光敏电阻外形结构及电路符号

1—光导层 2—玻璃窗口 3—金属外壳 4—电极 5—陶瓷基座 6—黑色绝缘玻璃 7—电极引线图

（2）光敏电阻的检测

由于光敏电阻的阻值是随照射光的强弱而发生变化的，并且它与普通电阻器一样也没有正负极性，如 MG41-23 型光敏电阻它的亮阻≤5kΩ，暗阻≥5kΩ，因此可以用万用表 $R \times$

10k 档对光敏电阻的阻值变化情况来判断其性能好坏。

1）将指针万用表置于 $R \times 10k$ 档。

2）用鳄鱼夹代替表笔分别夹住光敏电阻的两根引线。

3）用一只手反复做遮住光敏电阻的受光面然后移开的动作。

4）观察万用表指针在光敏电阻的受光面被遮住前后的偏转情况，若指针偏转明显，则光敏电阻性能良好；若指针偏转不明显，则将光敏电阻的受光面靠近电灯，以增加光照强度，同时再观察万用表指针偏转情况，如果指针偏转明显，则光敏电阻灵敏度较低，如果指针无明显偏转，则说明光敏电阻已失效。

3. 光电二极管

（1）外形及符号

光电二极管和普通二极管一样，是由一个 PN 结组成的半导体器件，具有单向导电特性。普通二极管在反向电压作用下，只能通过微弱的反向电流，而光电二极管 PN 结的面积较大，可接收照射光。光电二极管在电路中通常处于反向偏置状态，在没有光照射时，反向电流非常微弱称为暗电流；当有光照射时，反向电流迅速增大，称为光电流，光照强度越强，光电流也越大。选用光电二极管时，被选二极管的实际工作电压应小于额定最高工作电压，暗电流越小越好，光电流越大越好。常见的几种光电二极管外形及电路符号如图3-54所示。

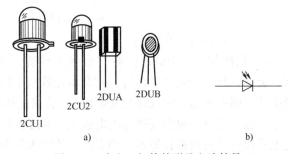

图 3-54　光电二极管外形及电路符号

a）光电二极管外形　b）电路符号

（2）光电二极管的检测

以 2CUIA 光电二极管为例，检测方法如图 3-55 所示。

1）极性判别。应在无光照的条件下用指针万用表 $R \times 1k$ 档检测光电二极管的正负极性，检测方法同普通二极管的检测。

2）性能检测。使光电二极管处于反向工作状态，即万用表黑表笔接光电二极管的负极，红表笔接其正极。在没有光照射时，其阻值应在几百千欧姆以上；当有光照射时，其阻值则会大大降低。若有无光照，阻值变化不大，则被测光电二极管已损坏。

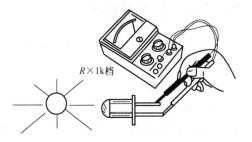

图 3-55　光电二极管检测方法

4. 光电晶体管

（1）外形及符号

光电晶体管与普通晶体管结构相同，其工作原理与光电二极管相似，它可以等效为光电二极管与普通晶体管的组合体。在光照下，光电二极管产生的光电流输入到了晶体管的基极进行放大，所以光电晶体管的输出光电流可达到光电二极管光电流的 β 倍。因此，光电晶体管的灵敏度比光电二极管高。光电晶体管的电极有两个的，也有三个的。若只有两个电极，即发射极 e 和集电极 c，则受光面就是基极 b。有些光电晶体管和光电二极管在外形上几乎一样，区分它们最简单的方法是用万用表 $R \times 1k$ 档判别。由于光电二极管的正向电阻值不随光照与否变化，与普通二极管一样，仅为几千欧姆，而光电晶体管在无光照射时，不管表笔怎样接，所测得的阻值均在几百 $k\Omega$ 以上。

选用光电晶体管时，电路实际工作电压不能超过被选管发射极 e 和集电极 c 两端所允许加的最高电压，实际耗散功率应小于额定功率，且暗电流较小、光电流较大、灵敏度高的光电晶体管。常见的几种光电晶体管外形及电路符号如图 3-56 所示。

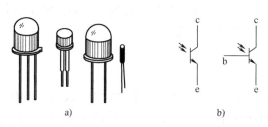

图 3-56　常见的几种光电晶体管外形及电路符号

a）光电晶体管外形　b）电路符号

（2）光电晶体管的检测

1）极性判别。光电晶体管有金属壳封装、环氧平头、带基极引线及无基极引线的区别。金属壳封装的光电晶体管，靠金属壳管帽下沿凸块最近的是发射极 e，若该晶体管无基极引线，则剩下那根引线即是集电极 c。若该晶体管有基极引线，则靠近发射极 e 最近的引线是基极，剩下一根引线就是集电极 c；环氧平头式光电晶体管或微型光电晶体管，这两种光电晶体管只有两根长短不一的引线，长的为发射极 e，短的为集电极 c。

2）性能检测。将指针式万用表置于 $R \times 1k$ 档，黑表笔接 c，红表笔接 e 在无光照时，万用表所测得阻值应为几百千欧姆；在受光照时，阻值应为几千欧姆甚至更低。若阻值无甚变化，则晶体管已损坏。

【知识链接 4】　开关器件

开关在各种电子设备中都要用到，主要起接通和断开电路的作用。

1. 开关

（1）开关的种类

开关的种类繁多，按用途分为波段开关、录放开关、电源开关、预选开关、限位开关、控制开关、转换开关、隔离开关等；按操作方式分为按键开关、推拉开关、旋转开关、拨盘开关、直拨开关、推推开关、杠杆开关等；按结构分为滑动开关、钮子开关、拨动开关、按钮开关、薄膜开关等。常用开关的外形如图 3-57 所示。

（2）开关的检测

1）直观检测。观察开关的手柄是否能活动自如，或有松动现象，能否转换到位；观察引线脚是否有折断、紧固螺钉有否松动等现象。

2）测量触点间的接触电阻。用万用表的 $R \times 1$ 档，一支表笔接其开关的刀触点引脚，另一支表笔接其他触点引脚，让其开关处于接通状态，所测阻值应在 $0.1 \sim 0.5\Omega$ 以下；如果大于此值，表明触点之间有接触不良的故障。

3）测量开关的断开电阻。用万用表的 $R \times 10k$ 档，一支表笔接开关的刀触点引脚，另

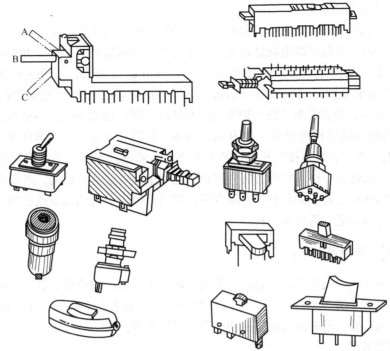

图 3-57　常用开关的外形

一支表笔接其他触点的引脚，让开关处于断开状态，此时所测的电阻值应大于几百千欧姆；如果小于几百千欧姆时，表明开关触点之间有漏电现象。

2. 继电器

（1）继电器的结构和种类

继电器是自动控制电路里经常用到的一种器件，其应用十分广泛。电磁继电器是一种利用线圈通电产生磁场来吸合衔铁而带动触点开关通、断的器件。电磁继电器的外形和电路符号如图 3-58 所示。

电磁继电器的结构如图 3-59 所示。从图中可以看出，电磁继电器主要由线圈、铁心、衔铁、弹簧、动触点、常闭触点（动断触点）、常开触点（动合触点）和一些接线端等组成。当线圈接线端 1、2 脚未通电时，依靠弹簧的拉力将动触点与常闭触点接触，4、5 脚接通。当线圈接线端 1、2 脚通电时，有电流流过线圈，线圈产生磁场吸合衔铁，衔铁移动，将动触点与常开触点接触，3、4 脚接通。

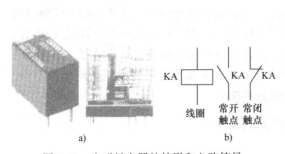

图 3-58　电磁继电器的外形和电路符号

a）电磁继电器外形　b）电路符号

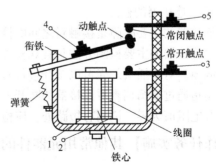

图 3-59　电磁继电器的结构

（2）电磁继电器的检测

1）检测线圈的直流电阻。继电器的型号不一样，其线圈的直流电阻也不一样，通过检测线圈的直流电阻，可判断继电器是否正常。用万用表的欧姆档，根据继电器的标称值或通过线圈的额定电压估测量程，其额定电压越高，阻值也就越大，一般选择 $R \times 100$ 档或 $R \times 1k$ 档。将两表笔分别接到线圈的两引脚，如测得的阻值与标称值基本相同表明线圈良好，如电阻值为∞，表明线圈开路。如果线圈有局部短路，用此方法，不易发现。

2）检测继电器触点接触电阻。用万用表的 $R \times 1$ 档，表笔分别接常闭触点的两引脚，其阻值应为 0Ω，再将表笔再接常开触点的两引脚，其阻值应为∞。然后给继电器通电，使衔铁动作，将常闭转为开路、将常开转为闭合；再用上述方法进行检测，其阻值正好与初次测量相反，表明触点良好。如果触点在闭合时，测出有阻值，说明该触点在打开时阻值不为∞，也说明触点有问题，需检测后再用。

【知识链接5】 常用连接器

连接器又称接插件或插头座，通过它为电子设备提供简便的插拔式电气连接。现代电子系统使用着数以千计的各类连接器。连接器的主要性能要求有：接触可靠、良好的导电性能、良好的绝缘性能、足够的机械强度和适当的插拔力等。

（1）连接器种类

连接器的种类，按其频率可分为高频连接器、低频连接器；按机械连接方式分为卡口、螺口、平口连接器；按其芯数可分为单芯和多芯连接器；按其接触对的排列状态可分为矩形连接器和圆形连接器。圆形和矩形连接器如图3-60所示。

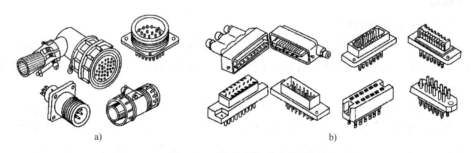

图 3-60　圆形和矩形连接器

a）圆形连接器　b）矩形连接器

（2）连接器的检测

连接器的主要故障是接触对之间的接触不良，而造成的断开故障，或插头的引线断开故障。对连接器的主要检测方法是直观检查和万用表检查：直观检查是指查看有否断线和引线相碰故障。对于插头外壳可以旋开进行检查的，检查是否有引线相碰与断路故障。用万用表检查是指通过欧姆档查看连接器的断开电阻和接触电阻。连接器的断开电阻值均应该是∞。若断开电阻值为零，说明有短路处，应检查是何处相碰。

【工作任务实施】 其他常用元器件的识别与检测

1. 任务目标

1）熟悉传感器、接插件、扬声器等器件的外形。

2）学会用万用表检测传感器、扬声器、开关等各种器件。

2. 需准备的工具及材料

万用表、热敏电阻、扬声器、拨动开关、熔断器若干。

3. 实施前知识准备

传感器、连接器、扬声器、开关等器件的外形和检测方法。

4. 实施步骤

1）根据外形各种识别元器件。

2）用万用表检测。

3）将考核记录到其他元器件的识别与检测考核评分标准表（表3-21）中。

表 3-21　其他元器件的识别与检测考核标准评分表

考核项目	要求	评分标准	扣分	得分
传感元器件的识别与检测（30分）	根据外形准确识别并能正确检测质量好坏	元器件损坏或识别错误扣5分		
		检测结果错误扣10分		
扬声器、显示器件的识别与检测（30分）	根据外形准确识别并能正确检测质量好坏	元器件损坏或识别错误扣5分		
		检测结果错误扣10分		
开关的识别与检测（20分）	识读标称值，说明采用标志方法名称	元器件损坏或识别错误扣5分		
		检测结果错误扣10分		
文明生产（20分）	工具摆放整齐，工位卫生符合标准	违反规定扣10分		
	认真操作，无大声喧哗等行为	违反规定扣10分		
教师		总分		

练习与思考题

1. 电阻器的主要技术参数有什么？
2. 说明下列色环的意义。

　　棕黑棕银　棕黑黑黑棕　棕红棕金　金红蓝绿　白棕红银　红红红银
3. 试说明下列电阻的阻值。

　　5R9　5k9　3M3　R59
4. 说明电容器的主要技术参数及意义。
5. 说明如下符号的意义。

　　CJ48　CL20　CD2－470μ－25V
6. 说明如下电容量的值。

　　560　47n　684　333　0.22　2p2　5F9　519
7. 如何用万用表判断单向晶闸管的电极与质量的好坏？
8. 如何识别集成电路的引脚排列？

项目4 焊接工艺

【学习目标】

1）了解焊接的原理及分类。

2）能熟练进行手工焊接。

3）能正确选用焊接工具和焊接材料。

4）了解拆焊工具及特点，能较熟练拆焊。

5）会判断焊接质量的好坏。

6）了解自动焊接工艺及设备。

任务1　认识常用焊接工具

【工作任务描述】

焊接技能是电子技术的基本技能之一，焊接包括手工焊接和机器焊接，电子生产企业中流水线上较多地使用机器焊接的方法，但在补焊或日常制作、维修电路时也经常用到手工焊接方法。"工欲善其事，必先利其器"，了解焊接工具是学习焊接技能的第一步，本任务主要学习电烙铁的种类、结构及维护，以及电烙铁的正确选用、使用等知识。

【知识链接1】 焊接的基本知识

焊接是将组成电子设备的各种元器件通过导线、印制导线或接点等，使用锡焊方法牢固地连接在一起的过程。焊接是电子设备制作过程中的一个重要环节。在学习焊接技术之前，首先应了解焊接的基本知识。

1. 焊接的种类

在电子产品的制作与维修过程中，焊接是一种主要的连接方法。焊接的原理是利用加热或其他方法，使两种金属间原子相互扩散，依靠原子间的内聚力使两种金属永久性地牢固结合起来。焊接通常分为熔焊、钎焊和接触焊3大类。通常所采用的是钎焊，即用加热熔化成液态的金属，把固体金属连接在一起的方法。钎焊中起连接作用的金属材料称为钎料，即焊料。作为焊料的金属，其熔点要低于被焊接的金属材料。使用锡铅焊料进行焊接的方法称为锡焊。除了含有大量铬和铝的合金材料不易采用锡焊方法外，其他金属材料大都可以采用锡焊方法。这种方法比较简便，整修焊点、拆换元器件、重新焊接都不困难，使用电烙铁就可完成。锡焊还具有成本低、易实现自动化等特点，所以在日常生产生活中使用电烙铁进行焊接都比较常见。

2. 焊接技术的重要性

利用焊接的方法进行连接而形成的接点称为焊点。电子设备中焊点的数量与该设备使用的元器件数量有直接关系。元器件越多，焊点就越多，有些大型电子设备可多达上百万个焊点。数量众多的焊点，不但在装配过程中需要一定的工作量，而且每个焊点的质量也都关系着电子设备的使用可靠性。因此每个焊点都应具有一定的机械强度和良好的电气性能。要求必须能够熟练地进行焊接操作，正确地掌握焊接技术要领。

3. 焊点的形成过程及必要条件

将加热熔化成液态的锡铅焊剂，借助于助焊剂的作用，溶入被焊接金属材料的缝隙，在焊接物面处，形成金属合金。使其连接在一起，就得到牢固可靠的焊点。熔化的焊锡和被焊接的金属材料相互接触时，如果在结合界面上不存在任何杂质，那么焊锡中锡和铅的任何一种原子会进入被焊接的金属材料的晶格而生成合金。被焊接的金属材料与焊锡生成合金的条件取决于以下几点。

（1）被焊金属材料应具有良好的可焊性

可焊性是指被焊接的金属材料与焊锡在适当的温度和助焊剂的作用下，形成良好的结合能力。铜是导电性能良好和易于焊接的金属材料，常用的元器件引线、导线以及焊盘等大多用铜材制成。除铜外，具有可焊性的金属还有金、银、铁、镍等，但它们不如铜应用广泛。

（2）被焊金属材料表面应清洁

为使熔融焊锡能良好的润湿固体金属表面，其重要条件之一就是被焊金属表面要清洁，而使焊锡与被焊金属表面原子间的距离最小，彼此间充分吸引扩散形成金属化合物。

（3）助焊剂使用要适当

助焊剂是一种略带酸性的易溶物质，它在被加热溶化时可溶解被焊金属表面的氧化物及污垢，使焊接界面清洁，有助于熔化的焊锡润湿金属表面，从而使焊锡与被焊金属牢固地接合。助焊剂的性能一定要适合于被焊接金属材料的焊接性能。

（4）焊接温度要适当

焊接时，将焊料和被焊金属加热到焊接温度，才能使熔化的焊料在被焊金属表面润湿扩散并形成金属化合物。因此，要保证焊点牢固，一定要有适当的焊接温度。

（5）要有适当的焊接时间

焊接时间是指在焊接过程中，进行物理和化学变化所需要的时间。它包括被焊金属材料达到焊接温度的时间、焊锡熔化的时间，助焊剂发生作用并形成金属化合物的时间等几部分。焊接时间的长短应适当，过长会损坏焊接部位或元器件，过短则达不到焊接要求。

（6）焊料的成分和性能适应焊接要求

焊料的成分和性能应与被焊接金属材料的可焊性、焊接温度、焊接时间、焊点的机械强度等相适应，以达到易焊和牢固的目的。另外，还应注意焊料中所含杂质对焊接的不良影响。

4. 对焊点的基本要求

为了使焊接过程顺利进行，合格的焊点应达到下列要求。

1）具有良好的导电性。

2）具有一定的强度。

3）焊点上焊料要适当。

4）焊点表面应有良好光泽。

5）焊点不应有毛刺、空隙。

6）焊点表面要清洁。

合格的焊点与焊料、焊剂及焊接工具的选用、焊接操作技术、焊点的清洗都有直接关系。

5. 焊接的方法

随着焊接技术的不断发展，焊接方法也在手工焊接的基础上出现了自动焊接技术，即机器焊接，同时无锡焊接（如压接、绕接等）也开始在电子产品装配中采用。

（1）手工焊接

手工焊接是采用手工操作的传统焊接方法，根据焊接前接点的连接方式不同，手工焊接有绕焊、钩焊、搭焊、插焊等不同方式。

1）绕焊：将被焊元器件的引线或导线缠绕在接点上进行焊接。它的焊接强度最高，应用最广。高可靠整机产品的接点，通常采用这种方法。

2）搭焊：将被焊接元器件的引线或导线，搭在接点上进行焊接。它适用于易调整或改焊的焊点。

3）钩焊：将被焊接元器件的引线或导线钩接在眼孔中进行焊接。它适用于不便缠绕但又要求有一定机械强度和便于拆焊的接点上。

4）插焊：将导线插入洞孔形接点中进行焊接。它适用于插头座带孔的圆形抽针、插孔及印制板的焊接。

（2）机器焊接

机器焊接根据工艺方法的不同，可分为浸焊、波峰焊和再流焊。

1）波峰焊：采用波峰焊机一次完成印制电路板上全部焊点的焊接。目前已成为印制电路板焊接的主要方法。

2）浸焊：将装好元器件的印制电路板在熔化的锡锅内浸锡，一次性完成印制电路板上全部焊点的焊接。主要用于小型印制电路板电路的焊接。

3）再流焊：利用焊膏将元器件粘在印制电路板上，加热印制电路板后使焊膏中的焊料溶化，完成全部焊点的焊接。目前主要用于表面贴装的片状元器件焊接。

【知识链接2】常用焊接工具

电烙铁是手工焊接的基本工具，也是电子产品制作与维修中不可缺少的工具，其作用是加热焊料和被焊金属，使熔融的焊料润湿被焊金属表面并生成合金。随着焊接的需要和发展，电烙铁的种类也不断增多。常用的有外热式电烙铁、内热式电烙铁、恒温电烙铁、吸锡电烙铁等多种类型。详细了解电烙铁的选用知识和正确的使用方法，是做好焊接工作的基础。

1. 外热式电烙铁

外热式电烙铁一般由烙铁头、烙铁心、外壳、手柄、插头等部分组成，烙铁头安装在烙铁心里面，所以称为外热式电烙铁。如图4-1所示。其工作原理是当电烙铁接通电源时（实质上是加热器接通电源），电阻丝绕制成的加热器发热，直接通过传热筒使烙铁头发热，烙铁头受热温度升高，达到一定温度时，便可熔化焊锡进行焊接工作。常用的外热式电烙铁按功率有25W、30W、45W、75W、100W、150W、200W等；烙

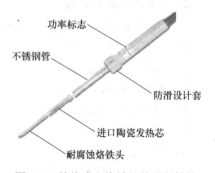

功率标志

不锈钢管

防滑设计套

进口陶瓷发热芯

耐腐蚀烙铁头

图4-1 外热式电烙铁的外形和结构

铁头可以根据使用情况来选用，一般有直形和弯形两种。

烂铁头采用热传导性好的以铜为基体的铜锑、铜铍、铜铬锰及铜镍铬等铜合金材料制成。烂铁头在连续使用后其作业面会变得凹凸不平，须用锉刀锉平。即使新烂铁头在使用前也要用锉刀去掉烂铁头表面的氧化物，然后接通电源，待烂铁头加热到颜色发紫时，再用含松香的焊锡丝摩擦烂铁头，使烂铁头挂上一层薄锡。

烂铁头的长短可以调整（烂铁头越短，烂铁头的温度就越高）。烂铁头的形状有凿式、尖锥形、圆面形、圆尖锥形和半圆沟形、圆斜面等多种，如图4-2所示。烂铁心是用镍铬电阻丝绕在薄云母片绝缘的筒上（或绕在一组瓷管上）而成，它置于外壳之内。

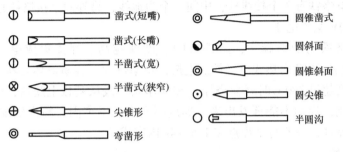

图4-2　烂铁头的形状

外热式电烂铁的主要特点是：由于加热器是套在烂铁头的外部，所以电阻丝发出的大部分热量都散发到空间中，使加热效率低，加热速度变慢，另外其体积比较大，使用起来很不灵便，不适合焊接小型元器件和精密电路板。

2. 内热式电烂铁

内热式电烂铁由连接杆、手柄、弹簧夹、烂铁心、烂铁头（也称铜头）等组成，如图4-3所示。它与外热式电烂铁的主要区别在于烂铁心安装在烂铁头的里面，故称为内热式电烂铁，工作原理与外热式的基本相同，但由于烂铁心是装在烂铁头的内部，所以热量就会完全传到烂铁头上，不会有多少损失，从而使内热式电烂铁具有加热效率高、加热速度快、耗电省、体积小、重量轻等优点，最适合印制电路板和小型元器件的焊接。但是因为内热式的烂铁头把加热器大部分热量都吸收了，高温时很容易使烂铁头氧化（又称"烧死"现象），这就使烂铁头不吃锡，对焊接工作产生影响，另外烂铁心易断、怕摔，在使用过程中一定要注意这些问题。

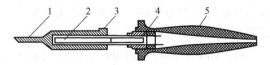

图4-3　内热式电烂铁
1—烂铁头　2—烂铁心　3—弹簧夹　4—连接杆　5—手柄

内热式电烂铁按功率分，通常有20W、35W和50W等规格。由于加热方式的不同，相同瓦数电烂铁的实际功率也相差很大，例如一个20W内热式电烂铁的实际功率，就相当于25～45W外热式电烂铁的实际功率。烂铁心采用镍铬电阻丝绕在瓷管上制成，一般20W电烂铁其电阻为2.4kΩ左右，35W电烂铁其电阻为1.6kΩ左右。常用的内热式电烂铁的工作温度如表4-1所示。

表4-1 内热式电烙铁的功率和烙铁头的工作温度

功率/W	烙铁头的工作温度/℃	功率/W	烙铁头的工作温度/℃
20	350	75	440
25	400	100	455
45	420		

用万用表可检查烙铁心中的镍铬丝是否断开，烙铁心可更换，换烙铁心时应注意不要将引线接错，一般电烙铁有3个接线柱，中间一个为地线，另外两个接烙铁心的引线。接线柱外接电线可接220V交流电压。

一般来说电烙铁的功率越大，烙铁头的温度就越高。焊接集成电路、印制电路板、CMOS电路一般选用20W内热式电烙铁。电烙铁功率过大，容易烫坏元器件（一般二极管、晶体管的结点温度超过200℃时就会烧坏）和使印制导线从基板上脱落；电烙铁功率太小，焊锡不能充分熔化，焊剂不能挥发出来、焊点不光滑、不牢固，易产生虚焊。焊接时间过长，也会烧坏元器件，一般每个焊点在1.5～4s内完成。

3. 吸锡电烙铁

在电子产品的调试与维修过程中，有时需要从印制电路板上拆下某个元器件。若采用普通的焊锡烙铁，有时往往因印制电路板焊点上的锡砣不易清除，而难以取下装在印制电路板上的元器件，若采用吸锡电烙铁进行拆焊就非常方便。吸锡电烙铁的外形如图4-4所示，它与普通电烙铁相比，其烙铁头是空心的，而且多了一个吸锡装置。操作时，先加热焊点，待焊锡熔化后，按动吸锡装置，焊锡被吸走，使元器件与印制电路板脱焊。

图4-4 吸锡电烙铁

4. 恒温电烙铁

恒温电烙铁的温度能自动调节，保持恒定。根据拉制方式不同，分为电控恒温电烙铁和磁控恒温电烙铁两种。电控恒温烙铁采用热电偶来检测和控制烙铁头的温度恒定。当烙铁头的温度低于规定值时，温控装置内的电子电路控制半导体开关元件或继电器接通，给电烙铁供电，使温度上升；当温度达到预定值时，控制电路就构成反动作，停止向电烙铁供电。如此循环，使烙铁头的温度基本保持一恒定值。电控恒温烙铁是较好的焊接工具，但这种烙铁价格昂贵。目前采用较多的是磁控恒温电烙铁。它在烙铁头上装有一个强磁性体传感器，用以吸附磁心开关（加热器的控制开关）中的永久磁铁来控制温度。

恒温电烙铁如图4-5所示，需要升温时，通过磁力作用使加热器的控制开关闭合，电烙铁就处于加热状态。当烙铁头温度上升到规定温度时，永久磁铁便因强磁性体传感器到达居里点而磁性消失，使控制开关的触点断开，停止向烙铁供电。一旦温度低于磁体传感器的居里点时，强磁体恢复磁性，重新为电烙铁供电，如此循环，使烙铁头的温度基本保持恒定。因恒温电烙铁采用断续加热，它比普通电烙铁节电1/2左右，并且升温速度快。由于烙铁头始终保持恒温，在焊接过程中焊锡不易氧化，可减少虚焊，提高焊接质量。烙铁头也不会产生过热现象而损坏，使用寿命较长。

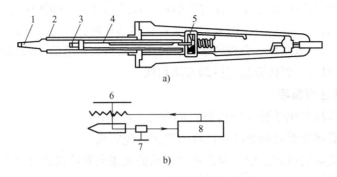

图 4-5　恒温电烙铁

1—烙铁头　2—加热器　3、7—控温元器件　4—永久磁铁　5—加热器控制开关
6—强力加热器　8—控制加热器的开关

【知识链接3】　热风枪的使用

1. 热风枪的用途

热风枪主要是利用发热电阻丝的枪芯吹出的热风来对贴片元器件进行吹焊和摘取的工具，热风枪外形如图4-6。热风枪控制电路的主体部分应包括温度信号放大电路、比较电路、晶闸管控制电路、传感器、风控电路等。为了提高电路的整体性能，还设置了一些辅助电路，如温度显示电路、关机延时电路和过零检测电路。设置温度显示电路是为了便于调温，在操作过程中可以依照显示屏上显示的温度来手动调节。而加入关机延时电路主要是为了提高电路的安全性。此电路是让枪芯被吹冷后电路再停止工作，这样就避免刚关断电源时枪芯过高的温度对人或物造成伤害。

图 4-6　热风枪

2. 热风枪使用方法

（1）吹焊小贴片元器件的方法

小贴片元器件主要包括片状电阻器、片状电容器、片状电感器及片状晶体管等。对于这些小型元器件，一般使用热风枪进行吹焊。吹焊时一定要掌握好风量、风速和气流的方向。如果操作不当，不但会将小元器件吹跑，而且还会损坏大的元器件。吹焊小贴片元器件一般采用小嘴喷头，热风枪的温度调至2或3挡，风速调至1或2挡。待温度和气流稳定后，便可用手指钳夹住小贴片元器件，使热风枪的喷头离欲拆卸的元器件2~3cm，并保持垂直，在元器件的上方向均匀加热，待器件周围的焊锡熔化后，用手指钳将其取下。如果焊接小元器件，要将元器件放正，若焊点上的锡不足，可用电烙铁在焊点上加注适量的焊锡，焊接方法与拆卸方法一样，只要注意温度与气流方向即可。

（2）吹焊贴片集成电路的方法

用热风枪吹焊贴片集成电路时，首先应在芯片的表面涂放适量的助焊剂，这样既可防止干吹，又能帮助芯片底部的焊点均匀熔化。由于贴片集成电路的体积相对较大，在吹焊时可采用大嘴喷头，热风枪的温度可调至3或4挡，风量可调至2或3挡，风枪的喷头离芯片

2.5cm 左右为宜。吹焊时应在芯片上方均匀加热，直到芯片底部的锡珠完全熔解，此时应用手指钳将整个芯片取下。需要说明的是，在吹焊此类芯片时，一定要注意是否影响周边元器件。另外芯片取下后，电路板上会残留余锡，可用烙铁将余锡清除。若焊接芯片，应将芯片与电路板相应位置对齐，焊接方法与拆卸方法相同。

3. 热风枪使用注意事项

1）请勿将热风枪与化学类（塑料类）的刮刀一起使用。
2）请在使用后将喷嘴或刮刀的干油漆清除掉以免着火。
3）请在通风良好的地方使用，因为从铅制品的油漆去除的残渣是有毒的。
4）不可将热风枪当作吹头发的吹风机使用。
5）不可将热风直接对着人或动物。
6）当热风枪使用时或刚使用过后，不要去碰触喷嘴热风枪的把手。必须保持干燥，干净且远离易燃物。
7）热风枪要完全冷却后才能存放。

【知识链接4】 电烙铁的使用

1. 电烙铁的选用

选择电烙铁应从它的功率、种类以及烙铁头的形状这3方面考虑。

（1）电烙铁功率的选择

小型元器件的普通印制电路板和IC电路板的焊接，应选用20～25W内热式电烙铁或30W外热式电烙铁，因为小功率的电烙铁体积小、重量轻、发热快、便于操作、耗电省。而一些采用大元器件的电路，如扩音器电路、机壳底板的焊接则应选用功率大一些的电烙铁，如35W、50W以上功率的内热式电烙铁或75W以上功率的外热式电烙铁。电烙铁的功率选择过大易烫坏晶体管或其他元器件；功率过小则易出现假焊或虚焊，直接影响焊接质量。

（2）电烙铁种类的选择

电烙铁的种类繁多，应根据实际情况灵活选用。一般的焊接应首选内热式电烙铁。它体积小、操作灵活、热效率高、热得快，使用最普遍；对于大型元器件及机壳的焊接应考虑选用功率较大的外热式电烙铁，它的品种多，烙铁头更换方便，给焊接带来许多方便；对于工作时间长，被焊元器件小，例如焊接表面封装元器件时，则应考虑选用长寿命型的恒温电烙铁或其他特殊类型的焊接工具（如热风焊枪）。

（3）烙铁头形状的选择

烙铁头形状的选择与被焊元器件及电路板的具体情况直接相关。角度大的（如凿式），热量集中，焊接时温度下降慢，适合一般焊点和面积大的焊点；角度小的（如锥式）焊接时温度下降快，适合焊接对温度较敏感的元器件。锥形烙铁头还适合表面封装元器件的焊接。外热式烙铁头可根据具体需要修整其形状，适应性更强。

2. 电烙铁的使用方法

1）安全检查。使用电烙铁前要核对电源电压是否与电烙铁的额定电压相符，注意用电安全，避免发生触电事故。先用万用表检查电烙铁的电源线有无短路和开路；测量电烙铁是否有漏电现象；检查电源线的装接是否牢固；固定螺钉是否松动；手柄上的电源线是否被螺钉顶紧以及电源线的套管有无破损。

2）新烙铁头或修整后的处理。新买的电烙铁一般不能直接使用，要先将烙铁头进行"上锡"后方能使用。"上锡"的具体操作方法是：将电烙铁通电加热，趁热用锉刀将烙铁头上的氧化层锉掉，在烙铁头的新表面上熔化带有松香的焊锡，直至烙铁头的表面薄薄地镀上一层锡。有时一次不能使端部全部挂满焊锡，上述过程可重复数次。避免烙铁头"烧死"，对已"烧死"的烙铁头要重新上锡。电烙铁使用一段时间后，还应将烙铁头取出，清除氧化层，以避免发生日久烙铁头取不出来的现象。

3）工作场地。在使用间歇中，电烙铁要搁在金属的烙铁架上，既保证避免烫坏其他物品，又可散热。与焊接有关的工具应整齐有序地摆放在工作台上，不可将电烙铁和其他工具乱摆、乱放。

4）使用过程中，电烙铁要避免敲打，以防烙铁心损坏。如果烙铁头挂锡太多，会影响焊接质量，此时千万不能甩电烙铁或敲击电烙铁，因为这样可能将高温焊锡甩入他人的身上造成危害，还可能使烙铁心的瓷管破裂、电阻丝断损或连接杆变形发生位移，使电烙铁外壳带电造成触电伤害。去除多余焊锡或清除烙铁头上的脏物的正确方法是：用湿布或湿海绵（或石棉）擦拭烙铁头。

3. 电烙铁的拆卸

当电烙铁出现故障或更换烙铁心时都需拆装，以较常见的内热式电烙铁为例进行如下步骤的拆卸。

1）拧松手柄上顶紧导线的制动螺钉，旋下手柄。

2）将电源导线从绝缘手柄中取出，拧松接线柱，取出烙铁心。

3）拔下烙铁头。

当故障排除或烙铁心更换完毕后，安装顺序和操作与拆卸时相反。但在旋紧手柄时，一定要注意：不能使电源线随手柄一齐扭动，以免将电源线接头部位绞坏，造成短路。上紧制动螺钉前，在螺钉位置的电源线应套上一段长度适当的塑料套管，防止电源线被制动螺钉压坏。

4. 电烙铁的检修

电烙铁的电路故障常见的有短路和断路两种。

当电烙铁接上电源后立即烧断熔丝，这说明电烙铁内有短路故障，短路部位一般发生在手柄和插头中的接线处；如果电烙铁接通电源后过一段时间还不发热，则可判定电烙铁出现了断路故障。一般断路故障常见于烙铁心的电阻丝烧断、电源线拉断或接头脱落，用万用表欧姆档即可迅速确定故障部位。以常用的 25W 电烙铁为例，拆开手柄后，用万用表测量烙铁心两个接线柱间的电阻值若为 $2k\Omega$ 左右，说明烙铁心的电阻丝没问题，故障很可能是电源线拉断或接头脱焊，找出具体部位后即可迅速排除；如果烙铁心两接线柱间的电阻值为 ∞，则可断定烙铁心的电阻丝烧断，此时只要更换同规格的烙铁心，故障即可排除。

由于电烙铁工作在高温下，烙铁心与外壳间距离又很小，若使用不当或电烙铁本身质量不好时很容易产生漏电现象。电烙铁是否存在漏电现象可用万用表"Ω"档的"$\times 10k$"档检查，外壳与插头之间的绝缘电阻越大越安全；当绝缘电阻小于 $2M\Omega$ 时说明存在漏电现象，此时应查明漏电原因，排除后方可使用。

【工作任务实施】 拆装内热式电烙铁

1. 任务目标

1）能正确拆装内热式电烙铁。

2）熟悉内热式电烙铁的使用。

2. 需准备的工具及材料

内热式电烙铁、万用表、十字螺钉旋具。

3. 实施前知识准备

知道内热式电烙铁的结构。

4. 实施步骤

1）记录分组情况。

2）拆装内热式电烙铁。

3）用万用表检测内热式电烙铁。

任务2 认识常见焊接材料

【工作任务描述】

在电子元器件的焊接过程中要用到焊接材料。常用的焊接材料包括焊料、焊剂、阻焊剂和清洗剂。掌握焊接材料的性质、成分、作用原理及选用知识，是电子工艺技术中的重要内容之一，对于保证产品的焊接质量具有决定性的影响。

【知识链接】 焊接材料

正确选用焊料与焊剂，才能保证焊接质量。在电子设备的装配与维修中所使用的焊料为锡铅焊料，也叫焊锡。焊锡是由锡、铅等元素组成的低熔点合金，这些元素都属于软金属，所以熔点较低，一般在250℃以下。由于熔化的锡有良好的浸润性，而熔化的铅具有良好的热流动性，所以它们按适当比例组成合金，就可作为焊料，使焊接面与被焊金属材料紧密结合成一体。

金属在空气中，特别是在加热的情况下，其表面会生成一层薄薄的氧化膜。焊接时这层氧化膜会阻碍焊锡的浸润，影响焊点合金的形成。在没有去除金属表面的氧化膜时，若勉强焊接，很容易出现虚焊、假焊现象。焊剂具有净化焊料、破坏金属氧化膜使氧化物漂浮在焊锡表面的作用，并能增强焊料与金属表面的活性与浸润能力，另外，焊剂覆盖在焊料表面，能有效抑制焊料和被焊金属继续被氧化。所以在焊接过程中，一定要使用焊剂，它是保证焊接过程顺利进行和获得导电性良好、具有足够的机械强度、清洁美观的高质量焊点必不可少的辅助材料。

常用的焊剂有焊油和松香两种。焊油的主要成分是松香，其中掺有氯化锌和其他化学药品，有一定腐蚀作用。松香的最大优点是没有腐蚀作用，且绝缘性能较好。所以在选用焊剂时，还应从焊剂性能对焊接物面的影响，如焊剂的腐蚀性、导电性以及焊剂对元器件损坏的可能性等方面全面考虑。

1. 焊料

焊料是易熔金属，它的熔点低于被焊金属。焊料融化时，将被焊接的两种相同或不同的金属结合处填满，待冷却凝固后，把被焊接金属连接到一起，形成导电性能良好的整体。一般要求焊料具有熔点低、凝固快的特点，熔融时应该有较好的浸润性和流动性，凝固后要有足够的机械强度。焊料有多种型号，根据熔点不同可分为硬焊料和软焊料；根据组成成分不同可分为锡铅焊料、银焊料、铜焊料等。在锡焊工艺中，一般使用锡铅合金焊料，A、B、E绝缘等级的电动机的线头焊接用锡铅合金焊料，F、H级用纯锡焊料。

锡铅焊料是常用的锡铅合金焊料，通常又称焊锡，主要由锡和铅组成，还含有锑等微量金属成分，熔点和其他物理性能都会随着铅与锡的不同比例发生变化。

共晶焊锡是指达到共晶成分的锡铅焊料，合金成分中锡的含量为61.9%、铅的含量为38.1%。在实际应用中一般将含锡60%、含铅40%的焊锡就称为共晶焊锡。在锡和铅的合金中，除纯锡、纯铜和共晶成分是在单一温度下熔化外，其他合金都是在一个区域内熔化的，所以共晶焊锡是锡焊料中性能最好的一种。

焊料在使用时常按规定的尺寸加工成型，有片状、块状、棒状、带状和丝状等多种形状和分类。丝状焊料通常称为锡焊丝，中心包着松香助焊剂，叫松脂芯焊丝，手工烙铁锡焊时常用。松脂芯焊丝的外径通常有0.5mm、0.6mm、1.0mm、1.2mm、1.6mm、2.0mm、2.3mm等规格。片状焊料常用于硅片及其他片状焊件的焊接。带状焊料常用于自动装配芯片的生产线上，用自动焊机从制成带状的焊料上冲切一段进行焊接，以提高生产效率。焊料膏是将焊料与助焊剂粉末拌和在一起制成的，焊接时先将焊料膏涂在印制电路板上，然后进行焊接，在自动装片工艺上已经大量使用。

2. 焊剂

焊剂又称助焊剂，通常是以松香为主要成分的混合物，是保证焊接过程顺利进行的辅助材料。

（1）焊剂的作用

焊剂的主要作用是清除焊料和被焊母材表面的氧化物、硫化物、油和其他污染物，使金属表面达到必要的清洁度；焊接过程中，焊剂覆盖在焊料及被焊金属表面，防止焊接时表面的再次氧化；降低焊料表面张力，提高焊接性能。助焊剂性能的优劣，直接影响到电子产品的质量。

（2）对焊剂的一般要求

1）常温下焊剂性能要稳定，其熔点必须低于所选焊料的熔点。在焊接过程中，应具有较高的活化性和较低的焊料表面张力，使焊料流动性强。

2）不产生有刺激性的气味和有害气体。

3）焊剂应具有良好的绝缘性，并且焊后残留物无副作用、无腐蚀性、易清洗。

4）配制简便、取料容易、成本低。

（3）焊剂的种类

焊剂中起主要作用的成分是松香，松香在260℃左右会被锡分解，因此锡槽温度不要太高。近几十年来，在电子产品生产锡焊工艺过程中，一般多使用主要由松香、树脂、含卤化物的活性剂、添加剂和有机溶剂组成的松香树脂系助焊剂。这类助焊剂虽然可焊性好，成本低，但焊后残留物高，其残留物含有卤素离子，会逐步引起电气绝缘性能下降和短路等问题，要解决这一问题，必须对电子印制板上的松香树脂系助焊剂残留物进行清洗，这样不但会增加生产成本，而且清洗松香树脂系助焊剂残留的清洗剂主要是氟氯化合物，这种化合物是大气臭氧层的损耗物质，属于禁用和被淘汰之列。采用松香树脂系助焊剂焊锡再用清洗剂清洗的工艺，效率较低，成本偏高。

免洗助焊剂是一种新型的助焊剂，适合于印制电路板的焊接，可用喷雾或发泡方式进行涂布。焊接时，焊机几乎全部气化，焊后残留物极少，焊点可靠、美观，湿润性极佳，最适合用于高档电子产品的焊接。主要原料为有机溶剂，松香树脂及其衍生物、合成树脂表面活性剂、有机酸活化剂、防腐蚀剂，助溶剂、成膜剂，简单地说是各种固体成分溶解在各种液体中形成均匀透明的混合溶液，其中各种成分所占比例各不相同，所起作用不同。

在手工焊接过程中，为了焊接方便，经常使用的焊锡是被制作成中空的焊锡丝，锡丝中心存储有松香焊剂或活性松香焊剂。

3. 阻焊剂

阻焊剂是一种耐热的有机涂料，它常被做成印料。在印制电路板装配元器件之前，用印制的方法将它涂在除了焊盘及其他需要焊接的部分之外的所有铜箔上。它能防止在浸焊或波峰焊中焊锡使印制导线间产生连通而短路，同时它能保护铜箔，使在浸焊或波峰焊受到热冲击时不产生起泡、分层等缺陷。根据阻焊印料的固化条件，阻焊剂可分为热固型和光固型两大类。热固型阻焊剂固化速度较慢，而光固型则固化速度很快，可以大大提高生产速度，常用于自动化流水生产线。

4. 清洗剂

锡焊后的印制电路板的各焊点附近残留有离子性焊接残渣，它们具有一定的腐蚀性，时间长久会引起漏电现象乃至介质击穿，所以必须采用合适的清洗剂清洗。清洗剂一般有两类：一类是有机熔剂，如工业纯乙醇、航空汽油（60#、120#）、氟利昂（F113）；另一类是水（去离子水）或加有溶剂的水溶液（如松香皂水溶液）。一般印制电路板上的残留物分为"极性"残留物（如手指纹的盐分和活性焊料等）和"非极性"残留物（如松香焊剂和玷污油脂）两类，有机溶剂清洗剂较适合清除"非极性"残留物，松香皂水溶液则可同时去除两类残留物。氟利昂（F113）特别适合采用气相法成批清洗印制电路板，清洗效果较好。对于采用无腐蚀性焊剂和要求不高的产品，也可不进行清洗。

【工作任务实施】焊接材料的使用

1. 任务目标

1）查找不同焊接材料所具备的性能。

2）练习运用不同的焊接材料进行焊接。

2. 需准备的工具及材料

焊锡丝、焊膏、松香助焊剂、免洗助焊剂、电烙铁。

3. 实施前知识准备

知道不同焊接材料的使用注意事项。

4. 实施步骤

1）分组讨论。

2）运用不同的焊接材料进行焊接，体会各种材料的作用。

任务 3　手工焊接工艺

【工作任务描述】

手工焊接是焊接技术的基础，适用于小批量生产的产品、一般结构的电子整机产品、具有特殊要求的高可靠产品以及某些不便于机器焊接的场合、调试和维修过程中修复焊点和更换元器件等。本任务主要学习使用电烙铁进行手工焊接的操作方法及注意事项。

【知识链接1】　焊接方法

焊接过程中，工具要放整齐，电烙铁要拿稳、对准。一手拿电烙铁，一手拿焊锡丝。

1. 焊接时的姿势和手法

一般应坐着焊接。焊接时，要把桌椅的高度调整合适，使操作者的鼻尖距离烙铁头达到 20cm 以上。焊接时应选用恰当的方法握烙铁，一般有两种方式：笔式握法和正握法。若烙铁头是直型的，应采用笔式握法，如图 4-7a 所示，比较适合焊接小型电子设备和印制电路板；若烙铁头是弯型的，且功率比较大，要采用正握法，如图 4-7b 所示，适合于大型电子设备的焊接。

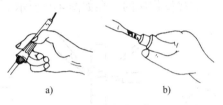

图 4-7　电烙铁的握法
a) 笔式握法　b) 正握法

2. 手工焊接方法

常用手工焊接方法有五步焊接法和三步焊接法两种。

（1）五步焊接操作法

五步焊接操作法的步骤如图 4-8 所示。

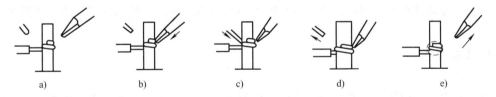

图 4-8　五步焊接操作法的步骤
a) 准备　b) 加热被焊件　c) 熔化焊料　d) 移开焊锡丝　e) 移开电烙铁

1）准备阶段的工作。

① 焊接工作的组织。将被焊电路板、电烙铁、焊料（焊锡丝）、助焊剂、烙铁架、常用工具整齐放置在便于操作的位置。

② 做好被焊金属表面的去氧化层、清洁及预上锡工作。

③ 烙铁头预上锡。

2）加热被焊件。右手将已经预上锡的电烙铁拿稳对准被焊件加热，预上焊锡就能很快地将热量传到焊点上。加热被焊件时，应设法加大烙铁头与被焊件的接触面，以缩短加热时间，保护热敏元器件。

3）熔化焊料。待焊接点加热到一定温度，即用左手迅速将焊锡丝从烙铁头的对称侧加入并触及被焊件，焊锡丝随之熔化、覆盖焊点，此时要注意控制焊锡的用量，以获得高质量

89

的焊点。

4）移开焊锡丝。当焊锡丝熔化适量后，迅速移开焊锡丝。

5）移开电烙铁。焊锡丝移开后，已熔化在焊点上的焊锡会在烙铁的加温下迅速润湿扩散，在焊剂未完全挥发，扩散范围又合适时，应先慢后快，沿45°角方向迅速移开电烙铁。在焊接点上的焊接接近饱满，焊剂尚未完全挥发，焊锡最光亮，流动性最强的时刻，迅速拿开电烙铁。

拿开电烙铁的时机、方向和速度，决定着焊接点的质量和外观，初学者应反复训练方可熟练掌握。

（2）三步焊接操作法

三步焊接操作法是在五步焊接操作法的基础上演化而来的，它们之间有很多共同之处。三步焊接操作法的步骤如图4-9所示。

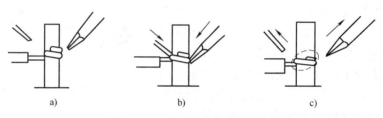

图4-9　三步焊接操作法的步骤

a）准备　b）同时加热被焊件和焊锡丝　c）同时移开电烙铁和焊锡丝

1）准备阶段的工作与五步焊接法相同。

2）加热被焊件和焊锡丝。在被焊件的两侧，同时放置烙铁头和焊锡丝，在焊点温度达到适当温度时，焊锡丝熔化。

3）同时移开烙铁头和焊锡丝。在焊点上的焊料开始熔化后，待焊接点上的焊料适量时，迅速拿开烙铁头和焊锡丝，以使熔化的焊料在焊剂的帮助下流向焊点，渗入被焊锡面的缝隙。

3. 焊接要领

（1）焊料与焊剂使用要适量

焊料的用量以包住引线灌满焊盘为宜，印制电路板上的焊盘一般都带有助焊剂，连同焊锡内的焊剂已足够焊接使用。如果再多用焊剂，则会造成焊剂在焊接过程中不能充分挥发，从而影响焊接质量，增加清洗焊剂残留物的工作量。

（2）掌握好焊点形成的火候

焊点的形成过程是：将烙铁头的搪锡面紧贴焊点，焊锡全部熔化并因表面张力紧缩而使表面光滑后，轻轻转动烙铁头带去多余的焊锡，从斜上方45°角的方向迅速脱开，便留下了一个光亮、圆滑的焊点。焊点形成后，焊盘的焊锡不会立即凝固，所以要注意此时不能移动焊件，否则焊锡会凝成砂粒状，使被焊物件附着不牢，造成虚焊，另外也不能对焊锡吹气散热，应让它自然冷却凝固。若烙铁脱开后，焊点上带有锡峰，说明焊接时间过长，是由焊剂气化引起的，这时应重新焊接。

（3）焊接后的清洁

焊点形成之后，在其周围会留有一些残留的焊剂。因焊剂多少都有一些腐蚀性，若不清除掉，会腐蚀元器件和电路板，或破坏电路的绝缘性能，给设备带来古怪的毛病，所以焊接后必须用工业酒精把残留焊剂清洗干净。

4. 焊接点的质量检验标准

（1）焊接点的电气性能

一个良好的焊接点应是焊料与被焊金属物表面互相扩散，形成金属化合物，而不是简单地将焊料堆积在被焊金属表面。焊点质量良好，才能保证良好的导电性。

（2）焊接点的机械强度

为保证被焊件在受到振动或冲击时不致松动、掉落，要求焊点有足够的机械强度。

（3）焊点美观

表面要具有良好的光泽且光滑，不应凹凸不平或有毛刺。

（4）焊锡量

焊点的焊锡量应当适量，焊料过少，则焊点处机械强度差，还会随着氧化加深，造成焊点失效；焊料过多，则有可能掩盖焊点内部，焊接不良的现象出现在焊点密度较大处，容易造成桥连，或因细小的灰尘在潮湿的气候里引起短路。

常见焊点缺陷及分析如表4-2所示。

表4-2　常见焊点缺陷及分析

焊点缺陷	类型	描述	原因分析
	毛刺	焊点表面不光滑，有时伴有熔接痕迹	① 焊接温度或时间不够 ② 选用焊料成分配比不当或润湿性不好 ③ 焊接后期助焊剂已失效
	引脚太短	元器件引脚没有伸出焊点	① 人工插件未到位 ② 焊接前元器件因振动而位移 ③ 焊接时因可焊性不良而浮起 ④ 元器件引脚成形过短
	焊盘剥离	焊盘铜箔与基板材料脱开或被焊料熔蚀	① 电烙铁温度过高 ② 电烙铁接触时间过长
	焊料过多	元器件引脚端被埋，焊点的弯月面呈明显的外凸圆弧	① 焊料供给过量 ② 电烙铁温度不足，润湿不好不能形成弯月面 ③ 元器件引脚或印制电路板焊盘局部不润湿 ④ 选用焊料成分配比不当，液相点过高或润湿性不好
	焊料过少	焊料在焊盘和引脚上的润湿角小于15°或呈环形同缩状态	① 波峰焊后润湿角小于15°时，印制电路板脱离波峰的速度过慢，回流角度过大，元器件引脚过长，波峰温度设置过高 ② 印制电路板上的阻焊剂侵入焊盘
	凹坑	焊料未完全润湿双面板的金属化孔，在元件面的焊盘上未形成弯月形的焊缝角	① 波峰焊时，双面电路板的金属化孔或元器件引脚可焊性不良预热温度或时间不够，焊接温度或时间不够 ② 元器件引脚或印制电路板焊盘上的化学品未清洗干净 ③ 金属化孔内有裂纹且受潮气侵袭 ④ 电烙铁焊中焊料供给不足

焊点缺陷	类型	描述	原因分析
	焊料疏松无光泽	焊点表面粗糙无光泽或有明显龟裂现象	① 焊接温度过高或焊接时间过长 ② 焊料凝固前受到振动 ③ 焊接后期助焊剂已失效
	开孔	焊盘和元器件引脚均润湿良好，但总是呈环状开孔	焊盘内径周边有氧化毛刺（常见于印制电路板焊盘人工钻孔后未及时进行防氧化处理，或加工至使用时间间隔过长）
	桥接	相邻焊点之间的焊料连接在一起	① 焊接温度、预热温度不足 ② 焊接后期助焊剂已失效 ③ 印制电路板脱离波峰的速度过快，回流角度过小，元器件引脚过长或过密 ④ 印制电路板传送方向设计或选择不恰当 ⑤ 波峰面不稳有湍流

5. 影响焊接质量的因素

在焊接过程中，除应严格按照上述步骤操作，还应注意以下事项。

1）电烙铁头的温度适当。一般来说，烙铁头的温度使松香熔化较快又不冒烟时的温度较为适宜。烙铁头的温度是否合适，也关系到焊接的质量，不同的焊接对象，需要不同的温度。烙铁头的温度是否合适，可采用一种简便的方法来判断：即用烙铁头去碰触松香，当发出"咝"的声音，说明温度合适；若没有声音，仅能使松香勉强熔化，说明温度较低；若烙铁头一碰到松香，就冒出许多白烟，说明温度太高了。

2）焊接时间要适当。焊接时间约为 2~5s，既不能过长也不能过短。最终应能保证焊点的质量和被焊物件的安全。这一点初学者往往掌握不好，要么担心焊接不牢，焊接时间过长。要么怕被焊物件损坏只用烙铁头点几下，看到焊点上有了点焊锡就认为焊上了，实质上这样做很容易造成虚焊和假焊。所以初学者要反复练习，逐步掌握好焊接时间。

3）焊接与焊剂使用要适量。一般焊接点上的焊料与焊剂使用过多或过少都会给焊接质量造成很大的影响，因此焊料与焊剂的使用要适量。若使用焊料过多，则多余的焊料会流入脚座的底部，降低引脚之间的绝缘性；若使用的焊剂过多，则易在引脚周围形成绝缘层，造成引脚与脚座之间的接触不良。反之，焊料和焊剂过少易造成虚焊。

4）防止焊接上的焊锡任意流动。理想的焊接应当是焊锡只在需要焊接的地方。在焊接操作过程中，开始时焊料要少些，待焊接点达到焊接温度，焊料流入焊接点空隙后再补充焊料，迅速完成焊接。焊锡任意的流动很容易造成该点与其他焊点的粘连，形成短接，如没有及时排除粘连情况，通电可能会造成元器件损坏、电路短路的故障。

5）焊接过程不要触动焊点。

焊接点达到焊接温度后焊料就从中心向四周及缝隙自然漫流润湿，烙铁头不必移动助焊。因移动会造成焊料面积扩大或堆积，使外观不雅。焊接较大金属器件如屏蔽盒、中周、变压器、双连架、电池架、焊片等要注意电烙铁热量是否充足。如不够可改用大瓦数电烙铁。

6）不应烫伤周围的元器件及导线。

在进行手工焊接之前，应该先做好焊接前的准备，根据被焊物正确选用电烙铁、焊料和焊剂，同时还要对被焊物进行清洁和镀锡，并按要求装置。另外，还要准备一些辅助工具，如镊子、偏口钳、尖嘴钳、小刀等，并摆放整齐。

【工作任务实施1】 基本焊接技能训练

1. 任务目标

1）熟练使用电烙铁进行手工焊接。

2）掌握焊点质量的检验标准。

3）熟悉导线与端子的焊接注意事项。

2. 需准备的工具及材料

电烙铁、烙铁架、金属网格板一块，螺钉旋具、镊子、剪刀各一只，铜线、漆包线、端子若干，焊料、焊剂适量。

3. 实施前知识准备

手工焊接的步骤和方法。

4. 实施步骤

1）检查电烙铁后，将其接到220V交流电源上进行通电预热。

2）在自编网格上进行搭焊训练。在钉有 10×10 个铁钉的木框上用 $\phi0.5mm$ 的细铜线编制成金属网格，用电烙铁在各交叉点上进行搭焊训练。

3）漆包线预加工。

① 剪——下料，截取合适长度的漆包线数根，例如：对正方体而言，组成12条边的各段长度应相等；而对五角星而言，其各段长度分3种：组成五角星的10条边，从星型顶点到各角的5条长棱边和5条短棱边，在下料时应注意不能量错，以免下成废料。

② 刮——去除其表面绝缘层，注意一定要去除干净且刮除的长度以 5~8mm 为宜。

③ 镀——在刮除部分均匀镀上一层薄薄的焊锡。

④ 弯——将漆包线加工成所需的形状。

4）用分段的漆包线焊接自编图形，如：正方体、五角星或其他立体图形等。焊接时，可根据要焊接图形的各自特点，选择比较方便快捷的方法，使焊接出来的形状符合要求，注意焊接质量。

5）焊接导线与端子：用偏口钳剥去导线的外皮。焊接前给导线渗锡，直到锡层包裹导线的内外。夹紧导线，用电烙铁给导线加热，焊锡与导线接触，受热溶化后包裹导线。渗锡的作用是使焊锡与导线充分接触，避免接触不良。导线上完锡之后，用电烙铁将导线与端子焊接。

6）检查各焊点是否有较强机械强度，导电性能良好，外形光洁圆润，大小适中，无虚焊、拉尖、孔洞等缺陷，焊接形体符合规范，整齐美观。

【知识链接2】 常见的焊接工艺

掌握焊接的原则和要领对正确操作十分必要，但面对实际操作中可能出现的各种问题，实际经验是不可缺少的。借鉴他人的成功经验，遵循成熟的焊接工艺是初学者掌握焊接技能的必由之路。

1. 印制电路板的焊接

印制电路板的焊接在整个电子产品制造中处于核心的地位，掌握印制电路板的焊接是至关重要的。

（1）对印制电路板和元器件进行检查

焊接前应对印制电路板和元器件进行检查，内容主要包括：印制电路板上的铜箔、孔位及孔径是否符合图样要求；有无断线、缺孔等；表面处理是否合格，有无污染。元器件的品种、规格及外封装是否与图样吻合，元器件的引线有无氧化和锈蚀。

（2）印制电路板焊接的注意事项

一般应选20～35W内热式或调温式电烙铁，电烙铁的温度不超过300℃为宜。烙铁头形状的选择也很重要，应根据印制电路板焊盘的大小采用凿形或锥形烙铁头，目前印制电路板的发展趋势是小型密集化，因此常采用小型圆锥电烙铁头。给元器件引线加热时应尽量使烙铁头同时接触印制电路板上的铜箔，对较大的焊盘（直径大于5mm）进行焊接时可移动电烙铁使烙铁头绕焊盘转动，以免长时间对焊盘某点加热导致局部过热。对双层电路板上的金属化孔进行焊接时，不仅要让焊料润湿焊盘，而且孔内也要润湿填充，所以加热时间应稍长。

在印制电路上焊接时，电烙铁、焊锡丝、元器件、电路板四者同时接触，元器件焊接示意如图4-10所示。

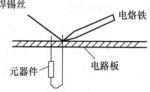

图4-10　元器件焊接示意图

焊接完毕后，要剪去元器件在焊盘上的多余引线，检查印制电路板上所有元器件的引线焊点是否良好，及时进行焊接修补。对有工艺要求的要用清洗液清洗印制电路板，使用松香助焊剂的印制电路板一般不用清洗。

2. 导线的焊接

导线的焊接在电子产品中占有重要位置，导线焊点的失效率高于元器件在印制电路板上的焊点，所以要对导线的焊接工艺给予特别的重视。

（1）常用连接导线

电子电路中常使用的导线有3类：单股导线、多股导线和屏蔽线。

（2）导线的焊前处理

导线在焊接前要除去其末端的绝缘层，剥绝缘层可以用普通工具或专用工具。在工厂的大规模生产中使用专用机械给导线剥绝缘层；在检查和维修过程中，一般用剥线钳给导线剥绝缘层。使用普通偏口钳剥除导线的绝缘层时，要注意对单股线不应伤及导线，对多股线和屏蔽线要注意不断线，否则将影响接头质量。

对多股导线剥除绝缘层的技巧是将线芯拧成螺旋状，采用边搓边拧的方式。

对导线进行焊接，挂锡是关键的步骤。尤其是对多股导线的焊接，如果没有这步工序，焊接的质量很难保证。

3. 导线与接线端子之间的焊接

导线与接线端子之间的焊接有3种基本形式：绕焊、钩焊和搭焊，如图4-11所示。绕焊是把已经挂锡的导线头在接线端子上缠一圈，用钳子拉紧缠牢后再进行焊接。注意导线一定要紧贴端子表面，使绝缘层不接触端子，一般取1～3mm为宜，这种连接可靠性最好。钩焊是将导线端子弯成钩形，钩在接线端子的孔内，用钳子夹紧后施焊。这种焊接方法强度低于绕焊，但操作比较简便。搭焊是把经过挂锡的导线搭到接线端子上施焊。这种焊接方法最方便，但强度可靠性最差，仅用于临时焊接或不便于绕、钩的地方。

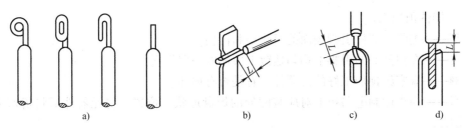

图 4-11　导线与接线端子之间的焊接形式

a）导线弯曲形状　b）绕焊　c）钩焊　d）搭焊

4. 导线与导线之间的焊接

导线之间的焊接以绕焊为主，如图 4-12 所示。操作步骤如下：

先去除导线一定长度的绝缘层；再给导线头挂锡，并穿上粗细合适的套管；将两导线绞合后施焊；趁热套上套管，使焊点冷却后套管固定在焊接头处。

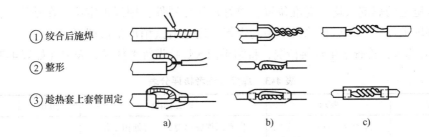

图 4-12　导线与导线之间的焊接

a）粗细不等的两根导线　b）相同的两根导线　c）简化接法

5. 一些特殊的焊接情况

1）塑料绝缘导线及套塑料套管裸导线焊接时应注意散热，并把导线拉直，避免塑料绝缘层烫裂变形。

2）焊接连有塑料结构的焊点时（如电源插座、收音机的中周焊脚等），不可长时间焊接，并要采取散热措施，以免塑料受高温软化、零件变形。

3）焊接多股导线时，不能让捻头时遗漏的单根细导线散向焊点外，以免造成短路。

4）对集成电路进行焊接时，时间要尽可能短，不要超过 3s。

【工作任务实施 2】元器件的焊接训练

1. 任务目标

1）掌握印制电路板的焊接方法。

2）熟悉焊点质量的检验标准。

2. 需准备的工具及材料

印制电路板一块、电烙铁、贴片元器件、导线、电阻器、电容器。

3. 实施前知识准备

元器件焊接的步骤和方法。

4. 实施步骤

1）记录分组情况，并按组发放工具、印制电路板及电子元器件。

2）元器件预加工。

① 刮——去除元器件引脚表面的氧化层和污物。

② 镀——在清洁好的引脚上均匀地镀上薄薄的一层焊料。

③ 测——观察经预加工好的元器件，看是否有损坏。

④ 弯——根据印制电路板上对应装配处的焊盘形状、位置，将元器件形状折弯成对应的所需形状。

3）安装元器件，依次将加工后的电阻或电容插入印制电路板上的孔内，元器件分别采用立式或卧式安装。

4）在印制电路板上焊接阻容元件。反复练习焊点的焊接及拆除。

5）检查焊点是否有一定机械强度，电气性能良好，光滑圆润，无虚焊、形状不规则、拉尖等缺陷：各器件、物体焊接符合规范，外形美观。

6）分立贴片元器件的焊接，在贴片元器件的相应位置涂上一层助焊剂，然后把焊盘整平，用热风枪把助焊剂吹均，对准位置，放好贴片元器件，用焊锡定位。在贴片应该焊接的位置，全部堆上焊锡，然后再除去多余的焊锡，用电烙铁稍加整形即可。

7）限时练习，检查学生焊接情况，将结果记入焊接训练考核评分表中（如表4-3所示）。

表4-3　焊接训练考核评分表

考核项目	要求	评分标准	扣分	得分
焊点检查（40分）	焊点大小适中，无漏焊、虚焊、连焊；焊点光滑、圆润、干净、无毛刺	① 有漏焊虚焊现象，每处扣2分 ② 焊点不光滑，每处扣1分 ③ 焊点过大过小，每处扣1分		
焊接工具和焊接材料的使用（20分）	焊接工具和焊接材料使用正确	使用不恰当的，每次扣5分		
	不得损坏设备、工具	① 损坏工具，或烧保险，扣10分 ② 操作错误损坏设备、仪器，或造成触电事故，扣20分		
元器件预加工（20分）	电阻测量时表笔放置正确	引线的长度、剥头、浸锡等不符合工艺要求的，每个扣1分		
文明生产（20分）	工具摆放整齐，工位卫生符合标准	违反规定扣10分		
	认真操作，无大声喧哗等行为	违反规定扣10分		
教师		总分		

任务4　拆焊

【工作任务描述】

在电子产品的调试、维修工作中，常需要更换一些元器件。更换元器件时，首先应将需更换的元器件拆焊下来。若拆焊的方法不当，就会造成印制电路板或元器件的损坏。因此熟练掌握拆焊技能，对从事电子产品调试和维修的技术人员来讲是必不可少的。

【知识链接】拆焊方法

1. 拆焊的目的

将已焊焊点拆除的过程称为拆焊。它常在修理或装配工程中采用。在实际操作中，拆焊往往比焊接更难掌握，拆焊时要严格控制加热温度和时间。温度太高或时间太长会烫坏元器件，使印制电路板的焊盘起翘、剥离。拔元器件时也不要用力过猛，以免拉断或损坏元器件引线。但这种方法不宜在一个焊点上多次使用，因印制导线和焊盘经过反复加热以后很容易脱落，造成印制电路板的损坏。

2. 拆焊工具

（1）普通电烙铁

对于一般电阻、电容、晶体管等引脚不多的元器件，可用电烙铁直接进行分点拆焊。方法是一边用电烙铁（烙铁头一般不需蘸锡）加热元器件的焊点，一边用镊子或尖嘴钳夹住元器件的引线，轻轻地将其拉出来，再对原焊点的位置进行清理，认真检查是否因拆焊而造成相邻电路短接或开路。

当需要拆下多个焊点且引线较硬的元器件时，采用分点拆焊就比较困难。在拆卸多个引脚的集成电路或中周等元器件时，要采用一些特殊的工具和方法，这将给拆焊操作带来极大的方便。

（2）专用烙铁头或拆焊专用热风枪

可将所有焊点同时加热熔化后取出元器件，对表面贴装元器件用热风枪拆焊更有效。

（3）吸锡电烙铁或吸锡器

用吸锡电烙铁拆焊元器件实用且不受元器件种类的限制，但拆焊时必须逐个焊点除锡，效率不高。常见的吸锡电烙铁由两大部分组成：第一部分是具有中空烙铁头的外热式电烙铁（功率一般为30W）；第二部分是一个手动气泵，气泵的排、吸气口通过一条金属管子与烙铁头相连，外热式烙铁心就靠在金属管前端靠近烙铁头处。使用时，首先将气泵手柄压下，与之相连的气泵活塞杆上有一卡位，当卡位达到预定位置后即被锁住，用烙铁头熔化拆焊点的焊锡后，按动气泵按钮，气泵内部活塞在弹簧力的作用下迅速复位，在复位过程中，气泵内形成负压，迅速吸掉拆焊点的焊锡，使元器件焊脚与印制电路板分离。焊锡吸入金属管前部，由于烙铁心加热使之处于熔化状态，在第二次压下气泵手柄时，焊锡被吹出烙铁头。

吸锡器是在焊点焊锡熔化后，用以清除焊锡的较好的拆焊工具，图4-13所示为常见的吸锡器。它实质就是一个手动气泵，与吸锡电烙铁相比只少了烙铁加热功能这一部分，吸锡工作原理则完全一样。还有一种简单小巧的吸锡器，它由橡皮气囊和吸锡嘴两部分组成。吸

图4-13　吸锡器

锡操作时，首先用手压缩橡皮气囊，当松开手后，即可将已熔化的焊锡通过特别的吸嘴吸入气囊内。如果囊内存锡过多时，可拔下吸锡嘴倒出存锡，使用灵活、方便。

（4）吸锡材料

在没有专用工具和吸锡电烙铁时，可采用屏蔽线编织层、细铜网以及多股导线等吸锡材料进行拆焊。操作方法是，将吸锡材料浸上松香水贴到待拆焊点上，用烙铁头加热吸锡材料，经吸锡材料传热使焊点熔化。熔化的焊锡被吸附在吸锡材料上，取走吸锡材料后焊点即被拆开。该方法简便易行，且不易损坏印制电路板，其缺点是拆焊后的板面较脏，需要用酒

精等溶剂擦拭干净。

（5）排焊管和捅针

排焊管是使元器件的引线与焊盘分离的工具，一般用一根空芯的不锈钢细管制成，可用16号注射针头改制，将针头部锉开，尾部装上手柄。使用时将排焊管的针孔对准焊盘上的引线，待烙铁熔化焊锡后迅速将针头插入电路板焊孔内，同时左右旋转，这样元器件的引线便和焊盘分开。

3. 拆焊方法

（1）镊子拆焊法

在没有专用拆焊工具的情况下，用镊子进行拆焊的方法简单，在拆焊印制电路板上的元器件时经常采用。由于焊点的形式不同，其拆焊的方法也不同。

1）分点拆焊。对于印制电路板中引脚之间焊点距离较大的元器件，拆焊时相对容易，一般采用分点拆焊的方法，如图4-14所示。

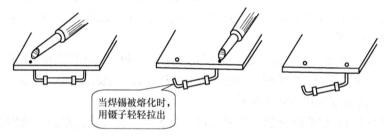

当焊锡被熔化时，用镊子轻轻拉出

图4-14　分点拆焊示意图

分点拆焊操作过程如下。

① 固定印制电路板，同时用镊子从元器件面夹住被拆元器件的一根引脚，用电烙铁对被夹引脚上的焊点进行加热，以熔化该焊点的焊锡。

② 待焊点上焊锡全部熔化，将被夹的元器件引脚轻轻从焊盘孔中拉出。

③ 然后用同样的方法拆焊被拆元器件的另一根引脚。

④ 用烙铁头清除焊盘上多余焊料。

2）集中拆焊。对于拆焊印制电路板中引脚之间焊点距离较小的元器件，如晶体管等，拆焊时具有一定的难度，多采用集中拆焊的方法。操作过程如下。

① 首先固定印制电路板，同时用镊子从元器件一侧夹住被拆焊元器件。

② 用电烙铁对被拆元器件的各个焊点快速交替加热，以同时熔化各焊点的焊锡。

③ 待焊点上的焊锡全部熔净，将被夹的元器件引脚轻轻从焊盘孔中拉出。

④ 用烙铁头清除焊盘上多余焊料。

注意：

采用集中拆焊办法时加热要迅速，注意力要集中，动作要快。如果焊接点引脚是弯曲的，要逐点间断加温，先吸取焊点上的焊锡，露出引脚轮廓，并将引脚拉直后再拆除元器件。

（2）用吸锡工具进行拆焊

1）用专用吸锡烙铁进行拆焊。对焊锡较多的焊点，可采用吸锡烙铁去锡脱焊。拆焊时，吸锡电烙铁加热和吸锡同时进行，吸锡时，根据元器件引脚的粗细选用锡嘴的大小。吸锡电烙铁通电加热后，将活塞柄推下卡住，锡嘴垂直对准吸焊点，待焊点焊锡熔化后，再按下吸锡烙铁的控制按钮，焊锡即被吸进吸锡烙铁中。反复几次，直至元器件从焊点中脱离。

2）用吸锡器进行拆焊。吸锡器是拆焊的专用工具，其上装有一种小型手动空气泵。拆焊时：将吸锡器的吸锡压杆压下，再用电烙铁将需要拆焊的焊点熔融。然后将吸锡器吸锡嘴套入需拆焊的元件引脚，并没入熔融焊锡，按下吸锡按钮，吸锡压杆在弹簧的作用下迅速复原，完成吸锡动作。如果一次吸不干净，可多吸几次，直到焊盘上的锡被吸净，使元器件引脚与铜箔脱离。

3）用吸锡带进行拆焊。吸锡带是一种通过毛细吸收作用吸取焊料的细铜丝编织带，使用吸锡带去锡，操作简单，效果较佳。拆焊时，将吸锡带放在被拆焊的焊点上，再用电烙铁对吸锡带和被拆焊点进行加热，一旦焊料熔化时，焊点上的焊锡逐渐熔化并被吸锡带吸去，如被拆焊点没完全吸除，可重复进行。每次拆焊时间约 2~3s。

（3）拆焊注意事项

1）被拆焊点的加热时间不能过长。当焊料熔化时，应及时将元器件引脚按与印制电路板垂直的方向拔出。

2）尚有焊点没有被熔化的元器件，不能强行用力拉动、摇晃或扭转，以免造成元器件或焊盘的损坏。

3）拆焊完毕，必须把焊盘孔内的焊料清除干净。

【工作任务实施】 元器件的拆焊训练

1. 任务目标
1）掌握拆焊技能的技术要求、拆焊的操作要点。
2）掌握不同的拆焊方法。
3）了解各种元器件拆焊时的注意事项。

2. 需准备的工具及材料
吸锡器、吸锡电烙铁、镊子、收音机印制电路板。

3. 实施前知识准备
熟悉不同的拆焊方法。

4. 实施步骤
1）将学生分组，安排座位。
2）用镊子钳拆焊法完成元器件的拆焊训练。
3）用吸锡器或吸锡电烙铁完成拆焊训练。

任务 5　机器焊接和表面贴装技术

【工作任务描述】
随着电子技术的发展，电子产品日趋集成化、小型化、微型化，电路越来越复杂，产品组装密度也越来越高，手工焊接已不能同时满足对焊接高效率和高可靠性的要求，自动化焊接必然成为印制电路板的主要焊接方法。通过本任务了解电子技术的迅猛发展，知道工厂中自动焊接用的机器及工艺。

【知识链接1】 机器焊接

1. 浸焊

浸焊是将安装好电子元器件的印制电路板表面浸入装有熔化焊锡的焊料槽内，浸入深度约为印制电路板厚度的50%～70%，浸焊时间约为3～5s。浸焊槽的温度由自动调节器调节，保持在比焊锡熔点高40～50℃的范围，焊锡与焊点充分熔合后提起印制电路板冷却。浸焊后印制电路板焊接表面上没有涂阻焊层的所有金属部分将覆盖一层焊料。浸焊可一次完成印制电路板上众多焊点的同时焊接，提高了焊接效率和质量。浸焊适用于元器件引线较长的焊接。对于那些不能经受浸焊槽温度的元件，如特殊的隧道二极管和不能清洗的器件（插头座）应另外装配焊接。浸焊有手工和机械浸焊两种。

浸锡焊接设备适用于小型工厂进行小批量生产电子产品，能完成对元器件引线、导线端头、焊片及接点等焊接。目前使用较多的有普通浸锡设备和超声波浸锡设备两种类型。

普通浸锡设备是在一般锡炉的基础上加滚动装置及温度调整装置构成的。操作时，将待浸锡的元器件先浸蘸助焊剂，再浸入锡炉。由于锡锅内的焊料在不停地滚动，增强了浸锡的效果。浸锡后要及时将多余的锡甩掉，或用棉纱擦掉。有些浸锡设备带有传动装置，使排好顺序的元器件匀速通过锡锅，自动进行浸锡，这既可提高浸锡的效率，又可保证浸锡的质量。

超声波浸锡设备是通过向锡锅辐射超声波来增强浸锡效果的，适用于浸锡比较困难的元器件。此设备由超声波发生器、换能器、水箱、焊料槽和加温控制等部件组成。

2. 波峰焊

波峰焊使用波峰焊机焊接，由于这种方法效率高、质量好，是大批量生产主要采用的焊接方法。焊机上方装有水平运动的链条，已插好元器件待焊的印制电路板挂在这个链条上向前移动，波峰焊机用泵加压焊锡使之从长度为300mm左右的长方形喷嘴喷流到待焊的印制电路板上，一次完成所有焊点的锡焊。

（1）波峰焊机

波峰焊接机适用于大型工厂进行大批量生产电子产品。原理是利用处于沸腾状态的焊料波峰接触被焊件、形成浸润焊点、完成焊接过程。波峰焊接机分为单波峰焊接机和双波峰焊接机两种类型，其中双波峰焊接机对被焊处进行两次不同的焊接，一次作为焊接前的预焊，一次为主焊，这样可获得更好的焊接质量。目前使用较多的波峰焊接机为全自动双波峰型。它能完成焊接的全部操作，包括涂敷助焊剂、预热、预焊锡、主焊接、焊接后清洗、冷却等操作。波峰焊如图4-15a所示。

（2）波峰焊工艺

波峰焊是将安装好元器件的印制电路板与熔融的焊料波峰相接触以实现焊接的一种方法。这种方法适用于工业进行大批量焊接，例如电视机生产线就广泛使用波峰焊进行电路板的焊接。这种焊接方法焊接质量高，若与自动插件机器相配合，就可实现电子产品安装焊接的半自动化生产。

波峰焊接的工艺流程为：将已经插好元器件的印制电路板装上夹具→喷涂助焊剂→预热→波峰焊接→冷却→切除焊点上的元器件引线头→残脚处理→出线，波峰焊工艺流程如

图 4-15b 所示。

a)

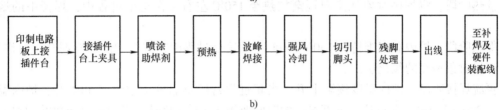

b)

图 4-15 波峰焊

a) 波峰焊机　b) 波峰焊工艺流程

在波峰焊接的工艺流程中,印制电路板的预热温度为 60 ~ 80℃,波峰焊的焊锡温度为 240 ~ 245℃,要求焊锡槽中的锡峰高于铜箔面 1.5 ~ 2mm,焊接时间控制在 3s 左右。切头机的作用是对元器件暴露在焊点上的引线加以切除,清除器的作用是用毛刷对焊点上残留的多余焊锡进行清除,最后通过自动卸板机把印制电路板送往硬件装配线。

3. 再流焊

再流焊用于焊接表面贴装元器件,先将适量的焊锡膏涂敷在印制电路板的焊盘上,再把涂有固定胶的表面贴装元器件放在相应的焊盘位置上,然后将印制电路板送入再流焊机的焊炉内,当炉温上升到一定值时,焊锡膏融化,温度再降低时焊锡凝固,就实现了元器件与印制电路板的电气连接。

（1）再流焊机

再流焊机又称回流焊机,是专门用于焊接表面贴装元器件的设备,如现在已经广泛使用的手机、笔记本电脑等,都是在再流焊机上完成元器件焊接的。焊接表面贴装元器件时,先将适量的焊锡膏涂敷在印制电路板的焊盘上,再把涂有固定胶的表面贴装元器件放到相应的焊盘位置上。由于固定胶具有一定的黏性,可将元器件固定住,然后让贴装好元器件的印制电路板进入再流焊机的焊炉内,当焊炉内的温度上升到一定温度时,焊锡膏融化,当温度再降低时焊锡凝固,元器件与印制电

图 4-16 再流焊机

路板就实现了电气连接。再流焊设备的核心是使用热源对焊炉进行加热,这个加热过程既要保证使焊料熔化又要不损坏元器件。常用的再流焊机有红外线再流焊机、热风再流焊机、热传导再流焊机、激光再流焊机等。热风再流焊炉主要由炉体、上下加热源、PCB 传送装置、空气循环装置、冷却装置、排风装置、温度控制装置以及计算机控制系统组成。再流焊机如图 4-16 所示。

目前工厂使用的再流焊设备依据采用的加热方式，可分为红外、红外热风、热风、汽相、热板、激光再流焊设备等。其中，属整体加热的再流焊设备有汽相、红外、红外热风、热板、热风等；属局部加热的再流焊设备有激光、聚焦红外、光束机等。

（2）再流焊工艺

再流焊工艺焊接效率高、元器件焊接的一致性好，并且节省焊料，是一种适合自动化生产的电子产品装配技术，再流焊工艺目前已经成为表面贴装技术的主流。

再流焊的加热过程可以分为预热→保温→再流焊接→冷却4个阶段，在控制系统的作用下，焊炉内的温度按照事先设定好的规律变化，完成焊接过程。

预热阶段：将焊接对象从室温逐渐加热至150℃左右，在这个过程中，焊膏中的熔剂挥发。

保温阶段：炉内温度维持在150~160℃，在这个过程中，焊膏中的活性剂开始起作用，去除焊接对象表面的氧化层。

再流焊接阶段：炉内温度逐渐上升，当超过焊膏熔点温度的30%~40%时，炉内温度会达到220~230℃，保持这个温度过程的时间要短于10s，此时，焊膏完全熔化并润湿元器件的焊端与焊盘。

冷却阶段：炉内温度迅速降低，使焊接对象迅速降温形成焊点，完成焊接。

在这个过程中，印制焊膏、贴装元器件、设定再流焊的温度曲线是最重要的工艺过程。印制焊膏要使用焊膏印制机，目前使用的焊膏印制机有自动印制机和手动印制机。贴装元器件是将元器件安装在已经印制有焊膏的印制电路板上，贴装要求的精度比较高，否则元器件贴不到位，就会形成错焊。现代生产线上都采用自动贴片机。再流焊接机通过对印制电路板施加符合要求的加热过程，使焊膏熔化，将元器件焊接在印制电路板上。

（3）再流焊的注意事项

在再流焊过程中注意：如果温度曲线设置不当，会引起焊接不完全、虚焊元器件，丰翘立（俗称"竖碑"现象）、锡珠飞溅等焊接缺陷，影响产品质量；SMT电路板在设计时就要确立焊接方向，并应当按照设计方向进行焊接。一般应该保证主要元器件的长轴方向与印制电路板的运行方向垂直；焊接过程中，要严格防止传送带振动；必须对第一块印制电路板的焊接效果进行检查和判断，检查焊接是否完全、有无焊膏熔化不充分或虚焊和桥接的痕迹、焊点表面是否光亮、焊点形状是否向内凹陷、是否有锡珠飞溅和残留物等现象，还要检查印制电路板的表面颜色是否改变。只有在第一块印制电路板完全合格后，才能进行批量生产。在批量生产过程中，还要定时检查焊接质量，及时对温度曲线进行修正。

4. 波峰焊与再流焊的对比

与波峰焊接技术相比，再流焊中的元器件不直接浸渍在熔融的焊料中，所以元器件受到的热冲击小，能在前道工序里控制焊料的施加量，减少了虚焊、桥接等焊接缺陷，所以焊接的质量好，焊点的一致性也比较好，因而电路的工作可靠性也大大提高。再流焊的焊料是商品化的焊锡膏，能够保证正确的组分，一般不会混入杂质，这是波峰焊接难以做到的。当然焊锡膏的价格也比一般焊锡要高出许多，再流焊接设备也是比较昂贵的。

除了以上3种机器焊接方法外，用于生产实践的锡焊技术还有丝球焊、TAB焊、倒装焊、真空焊等。已经问世的焊接技术还有高频焊、超声焊、电子束焊、激光焊、摩擦焊、爆炸焊及扩散焊等。由于铅是有害金属，人们已在使用无铅焊料，发展无铅焊接技术。同时使用免洗焊膏，焊接后不用清洗，避免污染环境。发展无加热焊接，用导电黏结剂将焊件黏起来，就像用普通黏结剂黏结物品一样实现电气连接。

【知识链接2】 表面贴装技术

1. 表面贴装技术

表面贴装技术（Surface Mount Technology，SMT）是一种将表面安装元器件（SMC/SMD）直接贴、焊到印制电路板或其他基板表面的规定位置上的一种电子装联技术。这是一项高密度装联技术，它的主要特征是所贴装的元器件均为适合表面贴装的无引线或短引线的电子元器件，贴装后的元器件主体与焊点均处于印制电路板的同侧。

通孔安装技术（Through Hole Packaging Technology，THT）是将元器件的引脚插入印制电路板相应的安装孔，然后与印制电路板板面的相应焊盘焊接固定的电子装联技术。这种工艺简单，元器件抗震性好，印制电路板制作成本低。SMT贴片机（如图4-17）是用来实现高速、高精度地贴装元器件的设备，是整个SMT生产中最关键、最复杂的设备，图4-18中大量采用了SMT贴片电阻、贴片电容等，当然通孔安装技术在这个例子中也有使用，大的电容、蜂鸣器等仍然要采用通孔安装技术安装。

图4-17 SMT贴片机

图4-18 采用SMT的电路板

2. 表面贴装技术的优点

表面贴装技术的优点主要是元器件的高密集性、产品性能的高可靠性、产品生产的高效率性以及产品生产的低成本性。

表面贴装元器件使PCB的面积减小，成本降低；无引线和短引线使元器件的成本也降低，在贴装过程中省去了引线成形、打弯和剪线的工序；电路的频率特性提高，减少了调试费用；焊点的可靠性提高，降低了调试和维修成本。在一般情况下，电子产品采用表面贴装元器件后，可使产品总成本下降30%以上。

3. 表面贴装技术的基本工艺

表面贴装技术的基本工艺按焊接方式分有两种基本类型：波峰焊工艺和再流焊工艺。

（1）采用波峰焊的工艺流程

基本上是4道工序：

1）点胶：将胶水点到要贴装元器件的中心位置。方法：手动/半自动/自动点胶机。

2）贴片：将无引线元器件放到电路板上。方法：手动/半自动/自动贴片机。

3）固化：使用相应的固化装置将无引线元器件固定在电路板上。

4）焊接：将固化了无引线元器件的电路板经过波峰焊机，实现焊接。

这种生产工艺适合于大批量生产，对贴片的精度要求比较高，对生产设备的自动化程度要求也很高。

（2）采用再流焊的工艺流程

基本上是 3 道工序：

1）涂焊膏：将专用焊膏涂在电路板上的焊盘上。方法：丝印/涂膏机。

2）贴片：将无引线元器件放到电路板上。方法：手动/半自动/自动贴片机。

3）再流焊：将电路板送入再流焊炉中，通过自动控制系统完成对元器件的加热焊接。方法：需要有再流焊炉。

这种生产工艺比较灵活，既可用于中小批量生产，又可用于大批量生产，而且这种生产方法由于无引线元器件没有被胶水定位，经过再流焊时，在液态焊锡表面张力的作用下，元器件能自动调节到标准位置。采用再流焊对无引线元器件焊接时，因为在元器件的焊接处都已经预焊上锡，印制电路板上的焊接点也已涂上焊膏，通过对焊接点加热，使两种工件上的焊锡重新融化到一起，实现了电气连接，所以这种焊接也称作重熔焊。常用的再流焊加热方法有热风加热、红外线加热和激光加热，其中红外线加热方法具有操作方便、使用安全和结构简单等优点，在实际生产中使用较多。

【工作任务实施】认识表面贴装技术

1. 任务描述

1）了解 SMT 电路板安装方案。

2）熟悉 SMT 电路板装配焊接设备。

2. 需准备的工具及材料

SMT 方面的录像或视频材料、多媒体设备。

3. 实施前知识准备

熟悉 SMT 印制电路板再流焊和波峰焊的工艺流程。

4. 实施步骤

1）观看录像或视频材料。

2）分组讨论 SMT 的工艺流程及优点。

3）展示各组的讨论成果。

练习与思考题

1. 手工焊接工具有哪些？

2. 在电烙铁钎焊工艺中，对焊点质量有哪些基本要求？

3. 试述使用电烙铁手工焊接的要点及操作步骤。

4. 给出以前同学焊接的电路板，仔细观察，指出元器件贴装和焊点是否符合规范要求。

5. 什么叫拆焊？拆焊时应注意哪几点？

6. 机器焊接的方法有哪些？

项目5   电子产品装配前准备

【学习目标】

1) 熟悉常用电子装接工具的作用。
2) 能正确识别和使用常用电子装接工具。
3) 能对电子元器件进行装配前的预处理。
4) 能较熟练地进行线束的加工。
5) 熟悉印制电路板的组装方式。

任务1   常用装接工具的识别与使用

【工作任务描述】

常用电子装接工具是电子装配过程中随时都要使用的工具。正确使用和妥善保养维护常用工具，既能提高生产效率和施工质量，又能减轻劳动强度，保证操作安全和延长工具的使用寿命。本任务就来认识这些常用工具，并学习工具的正确使用方法。

【知识链接1】紧固工具

1. 螺钉旋具

需要紧固或拆卸螺钉时，螺钉旋具是必不可少的。螺钉旋具也称螺丝刀、改锥或起子，常用的有一字形、十字形两大类。对于一字形槽的螺钉，需要用一字形螺钉旋具来旋紧或拆卸，常用一字形螺钉旋具的外形见图5-1a。一字形螺钉旋具规格是用柄部以外的刀体长度表示，常用的有100、150、200、300和400mm等几种。对于十字形槽的螺钉，需用十字形螺钉旋具旋紧或拆卸，其外形见图5-1b。十字形螺钉旋具按其头部旋动螺钉规格的不同，分为Ⅰ、Ⅱ、Ⅲ、Ⅳ四个型号，分别用于旋动直径为2～2.5mm、3～5mm、6～8mm、10～12mm等的螺钉，其柄部以外的刀体长度规格与一字形螺钉旋具相同。

图5-1   螺钉旋具

a) 一字形   b) 十字形

不论使用一字形还是十字形螺钉旋具，都要注意用力平稳，推压和旋转要同时进行。

2. 无感螺钉旋具

无感螺钉旋具俗称无感起子，无感螺钉旋具一般用尼龙棒等材料制成，或者用塑料压制而在顶部嵌有一块不锈钢片，如图5-2所示。它属于专用工具，通常用于调整高、中频谐振回路的电容或电感量，由于高、中频回路的工作频率较高，若用普通金属杆螺钉旋具进行调整，人体信号会通过金属杆对电路产生感应，造成调整误差。一般频率高时，选用尼龙棒制成的无感旋具；频率较低时，选用头部嵌有不锈钢片的无感旋具。

图 5-2　无感螺钉旋具

3. 镊子

在电子制作或修理中，需要夹取小螺钉、小元件、小块松香等细小物品时，常选用镊子这一工具。常用的镊子有钟表镊子和医用镊子两种。

选用镊子时，要注意镊子的弹性，即手指一松开，镊子应能立刻恢复原状。还要注意所选的镊子，只要手指用很小的力就可使其合拢。只有手指感觉灵敏，才能松紧适度地夹持小物品。镊子的尖端还要正确吻合。不锈钢制造的镊子较为常用。一般说来，夹持较大的装配件选用医用镊子，夹持较小的物品选用钟表镊子。

【知识链接2】钳口工具

1. 尖嘴钳

尖嘴钳又称为尖头钳，常用的尖嘴钳有两种：普通尖嘴钳及长尖嘴钳，如图 5-3 所示。

尖嘴钳分带刀口与不带刀口、铁柄与绝缘柄等几种类型。一般绝缘柄的耐压为 500V。尖嘴钳的钳身长度有 130mm、160mm、180mm、200mm 四种。其中身长 160mm 且带塑胶绝缘柄的尖嘴钳最常用。一般情况下，带刀口的尖嘴钳不作为剪切工具使用，只有在维修中，当没有专用的剪切工具时，才用来剪切一些比较细的导线。

a)　　　　　　　　　　b)

图 5-3　尖嘴钳

a) 普通尖嘴钳　b) 长尖嘴钳

尖嘴钳的头部细而尖，在狭小的工作空间也能灵活操作，经常用在焊点上的网绕导线和元器件的引线成形，以及导线或元器件的引线成形。

使用带绝缘柄的尖嘴钳可带电操作，但为确保使用者人身安全，严禁使用塑料柄破损、开裂的尖嘴钳在非安全电压范围内操作，一般也不允许用尖嘴钳装拆螺母和把尖嘴钳当锤子使用，尖嘴钳头部较细，为防其断裂，不宜用其网绕、夹镊较粗、较硬的金属导线及其他物体。还要避免尖嘴钳头部长时间受热，否则容易使钳头退火，降低钳头部分强度。当然，长时间受热也会使塑料柄熔化或老化。

2. 钢丝钳

钢丝钳是电工用于剪切或夹持导线、金属丝、工件的常用钳类工具，其结构如图5-4a所示。其中钳口用于弯绞和钳夹线头或其他金属、非金属物体，如图 5-4b 所示；齿口用于旋动螺钉、螺母，如图 5-4c 所示；刀口用于切断电线，起拔铁钉、削剥导线绝缘层等，如图 5-4d 所示；铡口用于铡断硬度较大的金属丝，如钢丝、铁丝等，如图 5-4e 所示。

钢丝钳规格较多，电工常用的有 175mm、200mm 两种。电工用钢丝钳柄部加有耐压

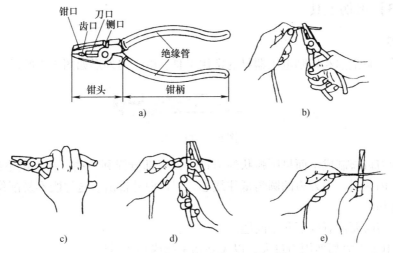

图 5-4 钢丝钳的构造和使用

a) 构造　b) 弯绞导线　c) 紧固螺母　d) 剪切导线　e) 铡切钢丝

500V 以上的塑料绝缘套，使用前应检查绝缘套是否完好，绝缘套破损的钢丝钳不能使用。在切断导线时，不得将相线和中性线或不同相位的相线同时在一个钳口处切断，以免发生短路。

3. 偏口钳

偏口钳有时也叫斜口钳，其外形如图 5-5 所示。在剪切导线，尤其是剪掉焊接点上网绕导线后多余的线头和印制电路板安放插件后过长的引线时，选用偏口钳这一工具效果最好。偏口钳还常用来代替一般剪刀剪切绝缘套管、尼龙扎线卡等。

图 5-5　偏口钳

偏口钳的握法与尖嘴钳的握法相同，钳身长 160mm，带塑胶绝缘柄的偏口钳最为常用。操作时，特别注意防止剪下的线头飞溅伤人眼部，所以双目不要直视被剪物。钳口朝下剪线，当被剪物不易变化方向时，可用另一只手遮挡飞出的线头。不允许用偏口钳剪切螺钉及较粗的钢丝等，否则易损坏钳口。只有经常保持钳口结合紧密和刀口锐利，才能使剪切轻快、并使切口整齐。当钳口有轻微的损坏或变钝时，可用砂轮或油石修磨。

4. 剥线钳

需要剥除电线端部绝缘层，如橡胶层、塑料层时，常选用剥线钳这一专用工具。它的手柄是绝缘的，因此可以带电操作，工作电压一般不允许超过 500V。剥线钳的优点在于使用效率高、剥线尺寸准确、不易损伤芯线。钳口处还有数个不同直径的小孔，可根据待剥导线的线径选用，以达到既能剥掉绝缘层又不损坏芯线的目的。图 5-6 所示为剥线钳。

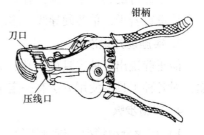

图 5-6　剥线钳

使用剥线钳一般是一手握着待剥导线，另一手握着钳柄。将导线放进选定的钳口内，紧握钳柄用力合拢，即可切断导线的绝缘层并同时将其拉出，然后将两钳柄松开取出导线。

【知识链接3】 剪切工具

1. 电工刀

电工刀是用来剖削和切割电工器材的常用工具，电工刀外形如图5-7所示。

图5-7 电工刀

电工刀的刀口磨制成单面呈圆弧状的刃口，刀刃部分锋利一些。在剖削电线绝缘层时，可把刀略微向内倾斜，用刀刃的圆角抵住线芯，刀口向外推出。这样既不易削伤线芯，又可防止操作者受伤。

使用电工刀时要注意以下几个问题。

1）使用电工刀时切勿用力过大，以免划伤手指或其他器具。

2）使用电工刀时，刀口应朝外操作，切忌把刀刃垂直对着导线切割绝缘，以免削伤线芯。

3）一般电工刀的手柄不绝缘，因此严禁用电工刀带电操作。

2. 钢锯

需要锯割各种金属板和电路板时，可用钢锯（如图5-8）这一工具。使用钢锯时，注意充分利用锯条的全长，否则易缩短锯条的使用寿命。安装锯条时，锯齿尖端应朝前方，锯条松紧度要合适，用两个手指拧紧蝶形螺母。只有安装和使用正确，才可使钢锯使用自如，经久耐用。

图5-8 钢锯

【工作任务实施】 常用装接工具的认识与使用

1. 任务目标

1）正确识别各种常用的电工工具，并了解它们的基本结构、作用。

2）正确使用螺钉旋具、钢丝钳、尖嘴钳、剥线钳等常用工具。

2. 需准备的工具及材料

一字螺钉旋具、十字螺钉旋具、钢丝钳、尖嘴钳、剥线钳各一只。木板一块，平头、十字自攻螺钉若干，单芯硬导线、多芯软导线若干。

3. 实施前知识准备

能正确说出各种工具的名称，并简要说明其作用。学生必须熟知常用工具的种类及用途，对各种工具的使用方法有一定了解。

4. 实施步骤

1）记录分组情况，安排座位。

2）发放工具，并记录清单。

3）用螺钉旋具在木板上拧装一字、十字口自攻螺钉各5只。

将自攻螺钉放到钻好的孔上，并压入约1/4长度，用与螺钉槽口相一致的螺钉旋具，将刀口压紧螺钉槽口，然后顺时针旋动螺钉旋具，将螺钉的约 5/6 长度旋入木板中，注意不要旋歪。

4）钢丝钳、尖嘴钳的使用。

用钢丝钳或尖嘴钳的钳口将旋入木板中的螺钉端部夹持住，再逆时针方向旋出螺钉。

用钢丝钳或尖嘴钳的刀口将多芯软导线、单芯硬导线分别剪断为 5 段。

用尖嘴钳将单股导线的端头剥除绝缘层，再将端头弯成一定圆弧的接线端子（线鼻子）。

5）剥线钳的使用。

将用钢丝钳剪断的 5 段多芯软导线进行端头绝缘层的去除，注意剥线钳的孔径选择要与导线的线径相符。

任务 2 元器件加工

【工作任务描述】

电烙铁、焊料和焊剂都选择合适后，还不能马上进行焊接。因为此时被焊件的引脚、各焊点等都没有进行清洁处理，也未按要求正规地安装，如果盲目焊接，势必会造成虚焊、假焊和不正确的安装，给焊接工作带来麻烦。所以在焊接前还要对元器件、导线进行加工。本任务就来学习元器件和导线在焊接前的处理。

【知识链接 1】 元器件的焊前处理

元器件在存放或运输过程中，可能由于焊脚暴露在空气中或接触其他有害物质，使焊脚表面附有灰尘、杂质或生成氧化层，造成可焊性下降，为了防止产生虚焊、假焊，元器件在焊接到印制电路板上之前，要经过：清理→引脚成形→浸锡→安装各项处理。

1. 清除焊脚表面的氧化层及杂质

清除的具体操作方法是用合适的锋利工具或细砂布（纸），从距元器件根部 2~5mm 处顺着引脚向外刮（擦），边刮（擦）边转动元器件焊脚，力求将氧化物和杂质彻底刮（擦）净。刮（擦）时应注意，当见到原金属本色即止，避免把元器件焊脚上原有的镀层去掉。注意：搪锡前再拆除元器件包装，如果过早拆除元器件包装，裸露的引线易沾污和被氧化；校直引线应用无齿平头钳，严禁使用尖头钳或镊子拉直引线；引线氧化层去除后 2h 内要对其完成搪锡操作。

2. 浸锡

浸锡又叫搪锡，是指把清理好氧化层及杂质的元器件焊脚应及时蘸上助焊剂，放入锡锅浸锡或用电烙铁上锡，以避免再度氧化。

电烙铁搪锡一般采用倾斜搪锡和水平搪锡两种方法。

1）倾斜搪锡时，一手捏住电子元器件，使引线一端靠近松香焊剂，另一手拿电烙铁，烙铁头上应带有适量焊料；先将元器件引线蘸适量焊剂，然后将烙铁头很快移至电子元器件引线上，顺着引线上下不断移动，同时转动电子元器件，待引线四周都搪上锡后，将元器件放下冷却。

2）水平搪锡时，一手捏住电子元器件呈水平状态放在氢化松香上，另一手拿电烙铁，烙铁头带适量焊料靠近引线加热，待引线沾上适量焊剂后，将电子元器件从氢化松香上移开，烙铁头顺着引线上下不断移动，同时转动电子元器件，待引线四周都搪上锡后，将电子元器件放下冷却。如用液态焊剂时，引线端头蘸适量焊剂，然后用烙铁头带有适量焊料的电烙铁直接搪锡。

一般引线搪锡的操作要求：轴向引线元器件搪锡时，一端引线搪锡后，要等元器件冷却后，才能进行另一端引脚的再处理，包括校直、表面清洁及上锡；在规定的温度和时间内，若搪锡质量不好，可待引线自然冷却后，再进行第二次搪锡操作。若仍不符合搪锡质量要求，应立即停止操作并找出原因，解决后方可继续搪锡，但最多不允许超过 3 次；根据电子元器件结构形式、安装特点及印制电路板安装要求，引线根部不搪锡长度一般应大于 2mm；电子元器件搪锡后 7h 内应及时进行装联，暂不装联的应放入密封容器中防止引线氧化；表面安装电子元器件的两端电极一般不应进行搪锡处理。

【知识链接 2】 元器件的引脚整形

1. 引脚整形的目的

为使元器件在印制电路板上的装配排列整齐、便于焊接，在安装前通常根据焊点之间的距离，将元器件做成需要的形状，即整形。为保证引脚整形的质量和一致性，应使用专用工具和整形模具。整形工序因生产方式不同而不同。在自动化程度高的工厂，整形工序是在流水线上自动完成的。在没有专用工具或加工少量元器件时，可采用手工整形，使用平口钳、尖嘴钳、镊子等一般工具。无论采用哪种方法对元器件进行整形，都应该按照元器件在印制板上孔位的尺寸要求，使其弯曲整形的引脚能够方便地插入孔内。

电子设备中的元器件通常在安装到印制电路板上之前，都要经过引脚整形。

2. 元器件引脚的整形要求

根据元器件在印制电路板上安装方式的不同，元器件引脚整形的形状有两种：手工焊接时的引脚形状如图 5-9，自动焊接时的引脚形状如图 5-10。

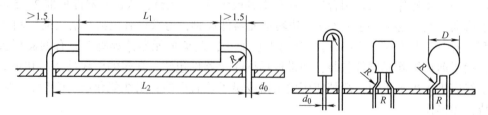

图 5-9 手工焊接时的引脚形状

为了避免损坏元器件，整形必须注意以下要求。

1）对于卧式安装，引脚弯曲半径 R 应大于 2 倍引线直径，以减少弯折处的机械应力；对于立式安装，引脚弯曲半径 R 应大于元器件的外形半径 $D/2$。不能打死弯，防止引脚折断或者被拉出。

2）引脚整形时，引脚弯折处距离引线根部尺寸应大于 2mm，绝对不能从引脚的根部开始弯折。对于那些容易崩裂的玻璃封装的元器件，引脚整形时尤其要注意这一点。

3）晶体管及其他对温升比较敏感的元器件，其引脚可以加工成圆环形，以加长引脚，减小热冲击。

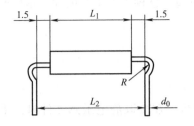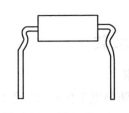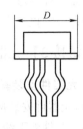

图 5-10　自动焊接时的引脚形状

4）凡外壳有标记的元器件，引脚整形后，其标记应处于便于查看的位置。

5）引脚整形后，元器件本体不应产生破裂，表面封装不应损坏，引脚弯曲部分不允许出现模印、压痕和裂纹。

6）整形后的两引出线要平行，其间的距离与印制电路板两焊盘孔的距离相同。对于卧式安装，还要求两引线左右弯折要对称，以便于插装。

7）对于自动焊接方式，可能会出现因为振动使元器件歪斜或浮起等缺陷，宜采用具有弯弧的引线。

3. 元器件引脚整形的方法

元器件的引脚整形有手工弯折和专用模具引脚整形两种方法，前者适合手工制作或产品试制中采用，后者适合用于工业上的大批量生产。

手工弯折法用带圆弧的长嘴钳或医用镊子靠近元器件的引脚根部，按弯折方向弯折引脚即可。弯曲时勿用力过猛，以免损坏元器件。专用模具引脚整形方法如图 5-11 所示，在模具的垂直方向上开有供插入元器件引脚的长条形孔，孔距等于格距，在水平方向开有供插杆插入的圆形孔。将元器件的引脚从上方插入长条形孔后插入插杆，引脚即可整形。

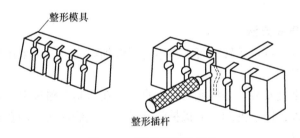

图 5-11　引脚整形的模具

在电路板上插装、焊接有引脚的元器件，大批量生产的企业中通常有两种工艺过程：一是长脚插焊，二是短脚插焊。

长脚插焊，是指元器件引脚在整形时并不剪短，把元器件插装到印制电路板上后，可以采用手工焊接，然后手工剪短多余的引脚；或者采用浸焊、波峰焊设备进行焊接，焊接后剪短元器件的引脚。长脚插焊的特点是，元器件采用手工流水线插装，由于引脚长，在插装过程中传递、插装以后焊接的过程中，元器件不容易从板上脱落。这种生产工艺的优点是设备的投入少，适合于生产那些安装密度不高的电子产品。

短脚插焊，是指在对元器件整形的同时剪短多余的引脚，把元器件插装到印制电路板上后进行弯脚，这样可以避免印制电路板在以后的工序传递中脱落元器件。在整个工艺过程中，从元器件整形、插装到焊接，全部采用自动生产设备。这种生产工艺的优点是生产效率高，但设备的投入大。

【知识链接3】 元器件的安装

1. 元器件安装基本要求

1）元器件安装应该在防静电工作间和工作台上进行，在拿取静电敏感器件时，手不可与敏感元器件外引线相接触，以免元器件静电损伤。

2）凡是油封的元器件应进行清洗去油，并要做好隔离保管工作。

3）为了保证产品质量，防止多余物的产生，所有钻、锉、砂纸打磨等非电装工作都应在元器件安装之前进行完毕。

4）元器件安装时应保持元器件的型号、规格等特征明显可见。卧式安装时，标志向上、方向一致，同体积元器件安装高度、本体两边引线尺寸应近似，不允许交叉重叠，元器件本体与板面应平行；立式安装时，同类元器件的标志方向应一致。特殊元器件从 0.5m 以上高度跌落到硬表面上，应重新检测后再安装。

5）元器件引线不允许有接头，不允许在元器件引线上或印制导线上搭接其他元器件（高频电路除外），连接线也不允许搭接。特殊情况以设计工艺文件规定为准。

6）元器件安装时，元器件与元器件、元器件与裸线、金属零件之间间距应不小于1.6mm 或加套绝缘套管。元器件安装后不应伸出印制电路板，元器件距印制电路板的边缘最小距离为 1.6mm。轴向元器件应平行板面安装，元器件本体与板面应留有 0.25 ~ 1.0mm的间隙，发热较大的元器件安装高度一般为 3 ~ 5mm。

7）安装温度敏感的元器件时，要远离发热元件或采取隔热措施。

8）质量较大的元器件，如变压器、电感线圈等，在安装时应采取绑扎、支撑、粘固等措施。

2. 一般元器件的安装方法

电子元器件一般自身重量较轻，可依靠本身引线加以支撑，可采用以下方法安装。

（1）直立式安装法

直立式安装又称垂直安装，是将元器件垂直安装在印制电路板上，如图 5-12a 所示。其主要特点是装配密度大，便于拆卸，但机械强度较差，元器件的一端在焊接时受热较多。

（2）水平式安装法

水平式安装也称卧式安装，适用于结构比较宽裕或装配高度受到一定限制的场合，如图 5-12b 所示。其优点是机械强度高，元器件的标记字迹显示得清楚，便于查找维修。

（3）晶体管的安装方法

在电路板上安装晶体管时，应尽量采取保护措施，如留足引脚的引线长度、加装散热器等，其目的在于减少晶体管受热损坏的可能性。

1）二极管的安装方法。玻璃外壳的二极管最大的弱点是引脚的根部极易受力开裂。若引脚太短，也易受损。所以在安装前，最好先将引脚绕 1 ~ 2 圈，成螺旋形，如图 5-12c，增加引脚的长度。金属壳二极管的引脚不要从根部折弯，以防引脚折断。另外，二极管在安装时，要注意正、负极不要装错。

2）小功率晶体管的安装方法。小功率晶体管有正装、倒装及横装等几种形式，如

图 5-12d 所示。

3）大功率晶体管的安装（包括散热片的安装）。由于功率较大，所以在其工作时，晶体管管壳会发烫，因而必须加装散热片，如图 5-12e 所示。安装散热片时，一定要保证散热片与晶体管接触面的接触良好，若在二者之间加云母片，则云母片的厚度要均匀，为保证接触面密合，提高散热效率，可在云母片两面涂些硅油。

（4）集成电路的安装方法

近年来随着电子技术的发展，大量的集成电路取代了分立元器件电路，不仅提高了电路性能，同时还节约了印制电路板的面积。通常每块集成电路都有十几个引脚，其外形及安装方法如图 5-12f 所示。

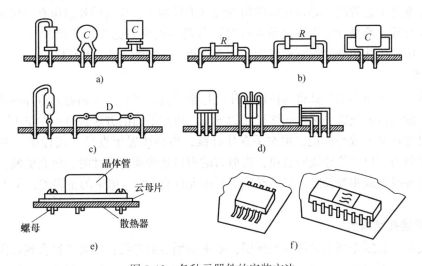

图 5-12　各种元器件的安装方法

a）立式安装法　b）水平式安装法　c）二极管的安装方法　d）小功率晶体管的安装方法
e）大功率晶体管的安装方法　f）集成电路的安装方法

【工作任务实施】 元器件的焊前处理和插装

1. 任务目的

1）会进行元器件焊前的处理。

2）能正确插装各种元器件。

2. 需准备的工具及材料

印制电路板、电阻、电容、二极管、晶体管、晶闸管、电烙铁。

3. 实施前知识准备

焊前处理内容，各种元器件插装的原则。

4. 实施步骤

1）记录分组情况。

2）将元器件进行清洁→浸焊→引线成形等一系列焊前处理。

3）按照要求在印制电路板上正确插装各种元器件。

任务3 导线加工工艺

【工作任务描述】

导线加工是电子装配中一种既基本又关键的操作工艺，许多电气事故的根本原因，往往是由于导线线头加工不良而引起的，因此必须正确掌握其加工工艺。本任务主要学习导线的剖削、绝缘恢复、线扎的加工工艺等。

【知识链接1】 绝缘导线的加工工艺

在装配准备工艺阶段，必须对所使用的线材进行加工，导线的外层包有一层绝缘体的导线称为绝缘导线。绝缘导线在焊接前要经过：剪裁→剥头→捻头（多股导线）→浸锡，有的装配工艺中还用扎扣把导线制成线扎（或称线束），并做标记后再安装。

1. 剪裁

在裁剪前，要用手工工具将其拉伸，使之尽量平直，然后用尺和剪刀将导线裁剪成所需要的尺寸。如果需要裁剪许多根同样尺寸的导线，可用下面的方法进行：在桌上放一直尺或根据裁剪尺寸在桌上做好标记。用左手拿住导线，将导线置于直尺（或标记）左端，右手拿剪刀，用剪刀刃口夹住导线向右拉，当剪刀的刃口达到预定尺寸时，将其剪断。重复上述动作即可将导线剪成相等长度。裁剪导线的长度允许有5%～10%的正误差，但不允许出现负误差。

2. 剥离线头绝缘层

在连接前，必须先剖削导线的绝缘层，要求剖削后的芯线长度必须适合连接需要，不应过长或过短，且不应损伤芯线。剥离线头绝缘层有两种方法：一种是刃截法，另一种是热截法。刃截法设备简单但有可能损伤导线；热截法需要一把热控剥线钳（或用电烙铁代替，并将烙铁头加工成宽凿形），比较适用于直径在0.5～2mm的导线、绞合线和屏蔽线。剥线头时，将规定剥头长度的导线伸入刃口内，然后压紧剥线钳，使刀刃切入导线的绝缘层内，利用剥线钳弹簧的弹力将剥下的绝缘层弹出。

（1）塑料硬线绝缘层的剖削方法

采用刃截法时可采用电工刀或剪刀，先在导线的剥头处切割一个圆形线口，注意不要割断绝缘层而损伤导线，接着在切口处用适当的夹力撕破残余的绝缘层，最后轻轻地拉下绝缘层。用电工刀剖削导线绝缘层，如图5-13所示。

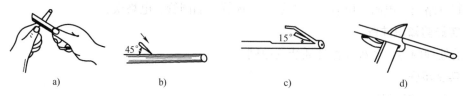

图5-13 用电工刀剖削导线绝缘层

a）握刀姿势 b）刀以45°倾斜切入 c）刀以15°倾斜推削 d）扳转塑料层并在根部切去

也可以使用剥线钳剥导线绝缘层，如图5-14所示。

还可以用钢丝钳剖削塑料硬线绝缘层。先在线头所需长度处，用钢丝钳口轻轻切剖绝缘

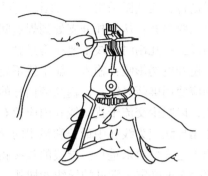

图 5-14　用剥线钳剥导线绝缘层

层表皮，然后左手拉紧导线，右手适当用力捏住钢丝钳头部，用力向外勒去绝缘层。在操作中注意：不能用力过大，切痕不可过深，以免伤及线芯，在勒去绝缘层时，不可在钳口处加剪切力，这样会伤及线芯，甚至将导线剪短。

（2）塑料软线绝缘层的剖削

塑料软线绝缘层剖削除用剥线钳外，仍可用钢丝钳直接剖削，方法与用钢丝钳剖削塑料硬线绝缘层相同，但不能用电工刀剖削。因为塑料软线太软，线芯又由多股铜线组成，用电工刀很容易伤及线芯。软线绝缘层剖削后，要求不存在断股（一根细芯线称为一股）和长股（即部分细芯线较其余细芯线长，出现端头长短不齐）现象，否则应切断重新剖削。

（3）漆包线绝缘层的去除

漆包线绝缘层是喷涂在芯线上的绝缘漆层，由于线径的不同。去除绝缘层的方法也不一样。直径在 0.6mm 以上的，可用细砂纸或薄刀片小心磨去或刮去；直径在 0.1mm 及以下的可用细砂纸或纱布轻轻擦除，但易于折断，需要小心。有时为了确保漆包线的芯线直径准确以便于测量，也可用微火烤焦其线头绝缘层，再轻轻刮去。

3. 捻头

多股导线被剥去绝缘层后，还要进行捻头以防止芯线松散。捻头时要顺着导线原来的合股方向，用力不宜过猛，否则易将细导线捻断。捻过之后的芯线，其螺旋角一般在 30° ~ 45°，芯线捻紧后不得松散，如果芯线上有涂漆层，应先将涂漆层去除后再捻头。

4. 浸锡

与元器件引线浸锡类似。采用电烙铁上锡时，先将电烙铁加热至能熔化焊锡时，在烙铁头上蘸满焊料，将导线端头放在一块松香上，用烙铁头压在导线端头，左手慢慢地转动导线同时往后拉，当导线端头脱离电烙头，导线端头也上好了锡。采用电烙铁上锡时要注意：松香要用新的，否则导线端头会很脏；烙铁头不要烫伤导线的绝缘层。

【知识链接2】线扎的成形加工工艺

扎线是指将多条引线（或连接线）包扎后贴近设备底座或在机架上固定放置的过程。

电子设备中的某些元器件或部件间是通过导线相连接的，在大、中型产品中连接导线多且较复杂。为了简化装配结构，减少占用空间，便于安装维修等，常常在整机总装前，用线绳或线孔搭扣将导线分组扎制成各种不同形状的线把（也称线束、线扎）。线扎可使机内走线整洁有序，保证电路的工作稳定性。

导线的扎制应按照线扎图进行，线扎图采用1:1的比例绘制，以便照图直接排线扎制。需扎制的导线长短要合适，排列要整齐；从线扎分支处到焊点间应有一定的余量，线扎拐弯处的半径应比线束直径大两倍以上；扎制时导线不要拉得过紧，以免因振动将导线或焊盘拉断；导线的路径要尽量短，并避开电场影响；输入、输出线不要排在一个线扎内，并与电源线分开，若必须排在一起，则应使用屏蔽导线；传输高频信号的导线不要排在线扎内；灯丝线应拧成绳状之后再进行排线，以减少交流干扰；线扎内应留有适量的备用导线，每一线扎内至少要有两根备用导线。备用导线应为线扎中最长和最粗的导线，以便于更换。

线把的扎制，应严格按照工艺文件要求进行。导线的扎接扣应放在线把的下面，线扣间的距离如无特殊要求，可参照表5-1确定。常见的导线的捆扎工艺有如下几种：

表5-1　线束直径与线扣距离要求　　　　　　　　　　　　　（单位：mm）

线束直径	线扣距离
< 10	15 ~ 20
10 ~ 30	20 ~ 40
> 30	40 ~ 60

（1）线绳捆扎工艺

捆扎用线有棉线、尼龙线和亚麻线等，捆扎之前可先将它们放到石蜡或地蜡中浸一下，以增强导线的涩性，使线扣不易松脱。线绳捆扎法制作线把比较经济，但在大批量生产时工作量较大，效率不高，现已逐渐被淘汰。

（2）线扣捆扎线工艺

目前，在电子产品生产中常用线扎搭扣捆扎线把，线扎搭扣式样很多，如图5-15所示。

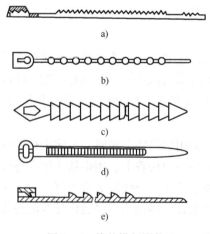

a)

b)

c)

d)

e)

图5-15　线扎搭扣形状

用线扎搭扣捆扎导线，既可用手工拉紧、也可用专用工具紧固，线把捆扎后应将搭扣的多余长度剪掉，如图5-16所示。用线扣捆扎导线比较简单，更换导线也方便，但搭扣只能使用一次。且使用时不能拉得太紧，以免将其损坏。

（3）装套管

装套管是一种不用捆扎而将导线约束在一起的方法。将数股导线装在套管中，就可形成

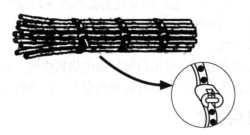

图 5-16　线扎搭扣绑扎

多股导线束，如图 5-17 所示。

图 5-17　将多股导线装入套管中制成导线束

用热缩套管扎制线把方法简单，具体步骤如下。

1）选择相应直径的套管。

2）剪切一节长度符合要求的套管。

3）将导线穿过管。

4）整理导线束。

5）用加热器加热套管。

【知识链接3】　屏蔽导线的加工工艺

屏蔽线是使用金属网状编织层把信号线包裹起来的传输线。编织层的材料一般是红铜或者镀锡铜。屏蔽线能够实现静电（或高电压）屏蔽、电磁屏蔽和磁屏蔽效果。屏蔽线有单芯、双芯和多芯的数种，一般用于工作频率为 1MHz 以下的场合。在对屏蔽导线进行处理时应注意去除的屏蔽层不宜太多，否则会影响屏蔽效果。去除的长度应根据导线的工作电压而定。

（1）屏蔽导线不接地端的加工

1）热截法或刃截法剥去一段屏蔽导线的外绝缘层。

2）松散屏蔽层的铜编织线，用左手拿住屏蔽导线的外绝缘层，用右手推屏蔽铜编织线，再用剪刀剪断屏蔽铜编织线。

3）把屏蔽铜编织线翻过来，套上热收缩套并加热，使套管套牢。

4）要求截去芯线外绝缘层，然后给芯线浸锡。

（2）屏蔽导线接地端的加工

1）用热截法或刃截法剥去一段屏蔽导线的外绝缘层。

2）从屏蔽铜编织线中取出芯线。操作时可用钻针或镊子在屏蔽铜编织线上拨开一个小孔，弯曲屏蔽层，从小孔中取出导线。

3）将屏蔽铜编织线拧紧，也可以将屏蔽铜编织线剪短并去掉一部分，然后焊上一段引出线，以做接地线使用。

4）去掉一段芯线绝缘层，并将芯线和屏蔽铜编织线进行浸锡。对较粗、较硬屏蔽导线接地端的加工，采用镀银金属导线缠绕引出接地端的方法。

线端经过加工的屏蔽导线，一般需要在线端套上绝缘套管，以保证绝缘和便于使用。给线端加绝缘套管。用热收缩套管时，可用白炽灯或电烙铁烘烤，收缩套紧即可；用稀释剂软化套管时，可将套管泡在香蕉水中半个小时后取出套上，待香蕉水挥发尽后便可套紧。

【工作任务实施】线扎的加工

1. 任务目的
1）掌握安装前绝缘导线的处理。
2）熟悉工具的使用。
3）练习捆扎导线的方法。

2. 需准备的工具及材料
电工刀、钢丝钳、剥线钳、漆包线、单股铜导线、多股铜导线、电烙铁。

3. 实施前知识准备
工具的使用、导线绝缘层处理的注意事项。

4. 实施步骤
1）记录分组情况。
2）对导线进行绝缘处理。剪裁→剥头→捻头→搪锡等。
3）使用线扎搭扣进行线扎的加工，将5根导线捆在一起。

练习与思考题

1. 元器件引线在安装前要进行哪些加工？
2. 元器件插装时，应该注意哪些原则？
3. 印制电路板安装方式中，元器件引线成形应当注意什么？
4. 在对导线搪锡时，应掌握哪些要点？

项目6　电子产品装配工艺

【学习目标】

1）了解设计文件、工艺文件。

2）能按工艺要求对电子整机进行安装。

3）会看简单的电路原理图及印制电路板图。

4）了解手工制作印制电路板的方法。

5）了解电气连接和机械连接。

6）能用计算机绘制简单的电路原理图。

任务1　工艺文件的识读

【工作任务描述】

工艺文件是指导生产操作、编制生产计划、调动劳动组织、安排物资供应，进行技术检验、工装设计与制造、工具管理、经济核算等的依据。工艺文件要做到正确、完整、一致、清晰，才能切实指导生产，保证生产稳定进行。在工厂里工作必须按相关的工艺规程操作，各个企业所用的工艺规程都有自己的具体格式，但内容大同小异。通过本任务来认识工艺文件，了解通过工艺安排进行生产的重要意义。

【知识链接1】技术文件

1. 技术文件的分类

1）按制造业中的技术分工，将技术文件分为设计文件和工艺文件两大类。

2）在非制造业领域是按电子技术图表本身特性，分为工程性图表和说明性图表两大类。前者是为产品的设计、生产而用的，具有明显的"工程"特性；而后者是用于非生产目的，例如技术交流、技术说明、技术培训等方面，它有较大的"随意性"和"灵活性"。

2. 产品技术文件的特点

（1）标准严格

产品技术文件要求全面、严格地执行国家标准，不能有丝毫"灵活性"。所谓"企业标准"，只能是国家标准的补充或延伸，而不能与国家标准相左。

（2）格式严谨

按照国家标准，工程技术图具有严谨的格式，包括图样编号、图栏、图幅分区等。

（3）管理规范

产品技术文件由技术管理部门进行管理，涉及文件的审核、签署、更改、保密等方面都由企业规章制度约束和规范。技术文件中涉及核心技术的资料，特别是工艺文件是一个企业的技术资产，对技术文件进行管理和不同级别的保密是企业自我保护的必要措施。

企业员工必须按工艺规定进行操作，才能发挥出劳动者的技能和生产出符合要求的产品，这个工艺规程就是企业的工艺纪律。要求企业员工按如下要求实施具体的工艺过程。

1）坚持按工艺文件组织和实行生产，凡需改变工艺时，应按规定的各级审批权限和程序修理。

2）所有工装、生产设备均应保持精度和良好的技术状态，以满足生产技术要求。

3）未经培训合格的新员工，不得顶岗工作。

4）有关工序或工位的工艺文件应分发到生产工人手中，操作人员在熟悉操作要点各要求后才能进行操作。

5）应经常保持工艺文件的清洁，不要在图样上乱写乱画，以防止出现错误。

6）遵守各项规章制度，注意安全、文明生产，确保工艺文件的正确实施。

7）发现图样和工艺文件中存在的问题，及时反映，不要自作主张随意改动。

8）企业员工要坚持按标准、按图样、按工艺进行操作。

【知识链接2】 设计文件

1. 定义

设计文件是产品在研究、设计、试制和生产实践过程中逐步形成的文字、图样及技术资料，它规定了产品的组成、型号、结构、原理以及在制造、验收、使用、维修、贮存和运输产品过程中，所需要的技术数据和说明，是组织生产和使用产品的基本依据。

2. 常用设计文件介绍

（1）零件图

表示零件材料、形状、尺寸和偏差、表面粗糙度、涂覆、热处理及其他技术要求的图样。

（2）装配图

装配图是表示产品组成部分相互连接关系的图样。在装配图上，仅按直接装入的零、部、整件的装配结构进行绘制，要求完整、清楚地表示产品的组成部分及其结构总形状。

装配图一般包括：表明产品装配结构的各种视图；装配时需要检查的尺寸及其偏差，外形尺寸、安装尺寸、与其他产品连接的位置和尺寸；在装配过程中或装配后需要加工的说明；装配时需借助的配合或配制方法；其他必要的技术要求和说明。

（3）电原理图（DL）

电原理图是详细说明产品元器件或单元间电气工作原理及其相互间连接关系的略图，是设计、编制接线图和研究产品性能的原始资料。在装接、检查、试验、调整和使用产品时，电原理图与接线图一起使用。

组成产品的所有元器件在图上均以图形符号表示，但为了清晰方便，有时对某些单元亦可以用方框表示。各符号在图上的配置可根据产品基本工作原理，从左至右，自上而下地排成一列或数列，并应以图面紧凑、清晰、顺序合理、电连接线最短和交叉最少为原则。对于在电原理图上采用框图形表示的单元，应单独给出其电原理图。

在原理图中各元器件的图形符号的右方或上方应标出该元器件的位置符号，各元器件的位置符号一般由元器件的文字符号及脚注序号组成。

（4）接线图（JL）

表示产品装接面上各元器件的相对位置关系和接线的实际位置的略图，它和电原理图或逻辑图一起用于产品的接线、检查、维修。接线图还应包括进行装接时必要的资料，例如接线表、明细栏等。

对于复杂的产品，若一个接线面不能清楚地表达全部接线关系时，可以将几个接线面分别给出。绘制时，应以主接线面为基础，将其他接线面按一定方向开展，在展开面旁要标注出展开方向。在某一个接线面上，如有个别元器件的接线关系不能表达清楚时，可采用辅助视图（剖视图、局部视图、向视图等）来说明并在视图旁注明是何种辅助视图。

看接线图时同样应先看标题栏、明细栏，然后参照电原理图，看懂接线图。而后按工艺文件的要求将导线接到规定的位置上。

（5）技术条件（JT）

技术条件是指对产品质量、规格及其检验方法等所做的技术规定。技术条件是产品生产和使用应当共同遵循的技术依据。

技术条件的内容一般应包括：概述、分类、外形尺寸、主要参数、例行和交收试验、试验方法、包装和标志、贮存和运输。对产品的组成部分，如整件、部件、零件，一般不单独编写技术条件。

（6）技术说明书（JS）

用于说明产品用途、性能、组成、工作原理和使用维护方法等技术特性，供使用和研究产品之用。技术说明书的内容一般应包括概述、技术参数、工作原理、结构特征、安装及调整。

1）概述：概括性地说明产品的用途、性能、组成、原理等。

2）技术参数：应列出使用、研究本产品所必需的技术数据以及有关计算公式和特性曲线等。

3）工作原理：应从本产品的使用出发，通过必要的略图（包括原理图以及其他示意图），以通俗的方法说明产品的工作原理。

4）结构特征：用以说明产品在结构上的特点、特性及其组成等。可借外形图、装配图和照片来表明主要的结构情况。

5）安装及调整：用以说明正确使用产品的程序，以及产品维护、检修、排除故障的方法、步骤和应注意的问题。

在必要时，根据使用的需要可同时编制使用说明书，其内容主要包括产品的用途、简要技术特性及使用维护方法等。对于简单的产品编制使用说明书即可。

（7）明细表（MX）

明细表是表格形式的设计文件，内容包括成套设备明细表、整件明细表、成套件明细表（包括成套安装件、成套备件、成套工具和附件、成套装放器材、成套包装器件）。

【知识链接3】 工艺文件

工艺文件是指导工人操作和用于生产、工艺管理等的各种技术文件的总称。

1. 工艺基本概念

1）工艺：工艺是将相应的原材料、元器件、半成品等加工或装配成为产品或新的半成品的方法和过程。工艺是人类在劳动过程中积累并经过总结提升的操作技术经验。

工艺通常是以文件的形式反映出来的。工艺文件是企业进行生产准备、原材料供应、计划管理、生产调度、劳动力调配、工模具管理的主要技术依据，是加工生产、检验的技术指导。

2）工艺文件：按照一定的条件选择产品最合理的工艺过程，将实现这个工艺过程的程序、内容、方法、工具、设备、材料以及每一个环节应该遵守的技术规程，用文字的形式表示，称为工艺文件。

3）工艺规程：工艺规程是规定产品或零件制造工艺过程和操作方法等的工艺文件，是工艺文件的主要部分。工艺规程按使用性质分为专用工艺规程、通用工艺规程、标准工艺规程、工艺路线、工艺装备等。

2. 常见工艺图表简介

1）工艺路线表：工艺路线表是能简明列出产品零、部、组件生产过程中由毛坯准备到成品包装，在工厂内外顺序经过的部门及各部门所承担的工序简称，并且列出零、部、组件的装入关系的一览表，它的主要作用是供生产计划部门作为车间分工和安排生产计划的依据，并据此建立台账，进行生产调度；同时也作为工艺部门专业工艺员编制工艺文件分工的依据。

2）元器件工艺表：为了提高插装（机插或手工插）的装配效率和适应流水生产的需要，对采购进来的元器件要进行预处理加工（即对元器引线进行成形加工）而编制的元器件加工汇总表，是供整机产品、分机、整件、部件内部电器连接的准备工艺。

3）导线及扎线加工表：为整机产品、分机、整件、部件进行系统的、内部的电路连接所应准备的各种各样的导线、扎线、电缆等加工汇总表，是企业组织生产、进行车间分工、生产技术准备工作的最基本的依据。

4）配套明细表：是为了说明部件、整件装配时所需用的零件、部件、整件、外购件（包括元器件、协作件、标准件）等主要材料，以及生产过程中的辅助材料等，以便供各有关部门在配套准备时作为领料、发料的依据。

5）装配工艺过程卡：用来编制产品的部件、整件的机械性装配和电气连接的装配工艺全过程。

6）工艺说明及简图：用来编制在其他格式上难以表达清楚、重要的和复杂的工艺。对某一具体零、部、整件提出技术要求，也可以作为其他表格的补充说明。因此，本格式要有明确的产品对象。

【工作任务实施】认识并填写电子装配工艺卡

1. 任务目标

1）了解在电子企业中使用工艺卡的目的和意义。

2）接轨企业管理，理解电子生产过程中的工艺要求。

2. 需准备的工具及材料

电子装配工艺卡。

3. 实施前知识准备

工艺卡的内容。

4. 实施步骤

1）要求学生课前在网上查找一些电子产品工艺文件，了解电子产品工艺文件的类型、内容及格式。并分别展示电子产品工艺文件的示例，如图6-1是装配工艺卡的模板示例。仔细察看工艺文件示例，其中涉及哪些元器件；要加工产品名称；工序名称；加工过程要用的材料、工具设备；加工或作业的方法及注意事项等。

			装配工艺卡	产品型号	零件图号		
				产品名称	零件名称	共　页	第　页
	工序号	工序名称	工艺内容	装备部门	设备及工艺装备	辅助材料	工时定额
描图							
描校							
底图号							
装订号							
					设计日期　审核日期	标准化日期　会签日期	
	标记	处数	更变文件号　签字　日期	标记　处数	更改文件　签字　日期		

图 6-1　装配工艺卡模板示例

2）查找相关资料，以 LED 节能灯为例，填写表 6-1 中的相关内容。

表 6-1　电子装配工艺卡

产品名称：	型号：	作业名称：	编号：
材料名称、规格与数量	操作图		作业步骤
1.			1.
2.			
3.			
4.			
5.			
6.			
7.			
8.			
使用仪器与工具			注意事项
1.			1.
2.			
3.			
4.			
5.			
6.			
7.			
8.			
编制者：	确认者：	作业者：	
年　月　日	年　月　日	年　月　日	

任务2　电子电路图的识读

【工作任务描述】

看懂电子电路图是正确安装、调试或维修电子电路的基本保证，也是电子技术工作者必备的职业技能之一，只有正确识读电路图，才能加深对电子产品功能实现的理解，电子电路图包括框图、电路原理图、单元电路图、印制电路板图等，本任务就来学习这些电子电路图的识读方法。

【知识链接1】框图

框图表示电子产品的大致结构和基本的信号流程，通过框图说明电子产品主要包括哪几部分以及它们在电子产品中的排列顺序和基本作用。每一部分用一个方框表示，各框之间用带有箭头方向的线连接起来。只有掌握了框图，建立起整机基本结构的概念，才能明确电路原理图中各单元电路的功能及其包括的元器件，进而明确整个电路的功能。图6-2所示为实验用的收音机整机电路框图。

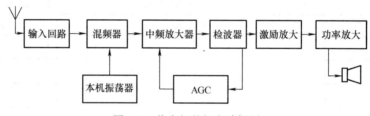

图6-2　收音机整机电路框图

【知识链接2】电路原理图

1. 电路原理图的作用

电路原理图是用图形符号表示电子元器件、用连线表示导线所构成的电路图。它表示了电子设备的电路结构、各种元器件之间的具体连接，表达了信号的传输和处理过程以及各部分电路之间的联系。如图6-3所示为某收音机电路原理图。

2. 常用电路图形和文字符号

熟悉电路图形符号是识读电路图的最基本要求。GB/T 4728—2018《电气简图用图形符号》共有13部分，对各类元器件、导线及其连接符号和其他各种电气图形符号都做了详细的规定。

在识读及绘制电路图过程中，注意以下原则：

1）符号所在的位置、线条的粗细、尺寸大小不影响含义，可以在同一电路中按比例缩放，但表示符号本身的线条形状、方向不能混淆。

2）在电路图中，元器件符号的旁边一般都标上字符代号。这是元器件的标志说明，不是元器件的一部分。常用的元器件代号一般都有特定的指向，如 R 代表电阻、C 代表电容等。

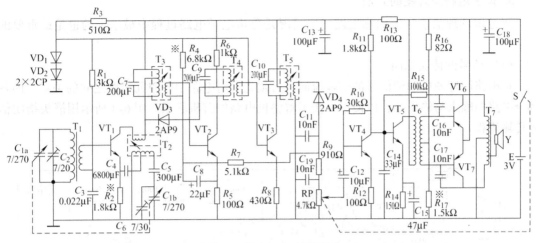

图 6-3　收音机电路原理图

3）同一电路中，当出现多个同种元器件时，通常在代号上加序号予以区别，如 R_1、R_2、V_1、V_2 等；复杂电路中，电路由几个单元电路组成，则可在代号前再加序号，如 $1R_1$、$1R_2$、$2R_1$、$2R_2$ 等。电路图形符号是用来表示电路实物元器件的符号，部分常用理想元器件符号及实物如表 6-2 所示。

表 6-2　部分常用理想元器件实物及符号

名称	实物图	电气符号	名称	实物图	电气符号
电池		—|⊦—	电阻器		—▭—
白炽灯		⊗	电容器		—|⊦—
开关		╱	电感器		⌒⌒⌒
电压表		Ⓥ	接地		⊥
电流表		Ⓐ	相连接的 交叉导线		┼
电位器		⊣▭├	不相连接的 交叉导线		┼

3. 识读电路原理图的方法

通过识读理清信号流向和电路供电情况是分析电子电路过程中最基本的也是最重要的环节。

（1）信号的传输流向

在电路原理图中理清信号的传输流向，必须先弄清电路中各单元电路之间的关系，即各部分电路的输入与输出端，以便进一步了解整机电路的有机联系。图6-4所示用箭头指明信号传输流程。

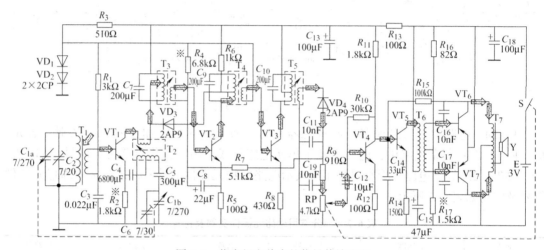

图6-4　收音机电路中的信号传输流向

（2）直流供电

分析电子电路时，按照交直分开、先静后动的原则，首先应从电路原理图中理清直流供电关系，以便正确地分析电路状态，避免盲目地调整电路。电子产品的电源一般为直流电源，分析直流电路时可以以"公用端即零电位端"为基点来分析其他各点电压的大小。图6-5所示用箭头指明了收音机直流供电的情况。

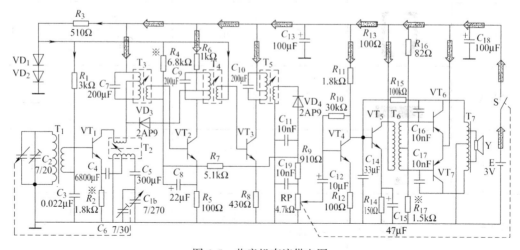

图6-5　收音机直流供电图

刚开始识读电子电路原理图，由于交、直流混合，电路错综复杂，难免会糊涂，但只要能结合框图，理清信号流向、直流供电关系，就走出了读图成功的第一步。

（3）识读单元电路图

通过识读单元电路图来理解各部分单元电路的原理、功能、结构等。下面就以收音机中的输入回路、电源电路、功率放大电路这几个典型单元电路为例，来学习单元电路图要识读的内容。

1）输入回路。常见的输入电路有磁性天线输入回路和外接天线输入回路两种。在通常情况下，磁性天线输入回路用于中波广播的接收，外接天线用于接收短波和调频波广播。收音机磁性天线输入电路结构如图6-6所示，磁性天线 T_1：感应接收信号，磁棒汇集大量不同频率的电磁波；L_1 为调谐线圈；L_2 为输入耦合线圈；C_{1a} 与 C_2 是双联电容，其中 C_{1a} 为调谐电容，C_2 是补偿电容，使输入回路本振回路频率同步；VT_1 为变频管。

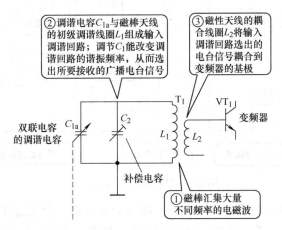

图6-6 收音机磁性天线输入电路结构

调节 C_{1a} 能改变调谐回路的谐振频率，它与磁棒天线的初级调谐线圈 L_1 组成输入调谐回路，从而选出所要接收的广播电台信号；磁棒汇集大量不同频率的电磁波，磁性天线的耦合线圈 L_2 将输入调谐回路选出的电台信号耦合到变频管的基极。基本工作原理是由磁性天线或外接天线所产生的感应电动势馈入到输入回路中。输入回路的 L_1 与 C_{1a} 组成 LC 串联谐振电路，其谐振频率为：$f = \dfrac{1}{2\pi\sqrt{L_1 C_{1a}}}$，调节 C_{1a} 使回路谐振在某一电台的频率上，这时，该电台信号在 L_1 上的感应电动势最强，则该频率的电台信号就被选择出来，经 L_1、L_2 的耦合将信号送入后级变频电路。双联可变电容器用来实现输入电路频率与本振电路频率的同步跟踪，以保证本振信号频率总比输入信号频率高 465kHz。

输入电路的作用是选择要接收的电台信号。不同的电台信号有不同的频率，输入回路的任务是从接收到的各种不同频率的信号中选出要接收的电台信号，并抑制其他无用信号及各种噪声信号，因此，对输入电路的要求是：要有良好的选择性，频率覆盖要正确，电压传输系数要大。

2）功率放大电路。这个收音机采用双管乙类推挽功率放大电路，如图6-7所示。它由两只特性相同的 PNP 型晶体管组成对称电路。R_{16}、R_{17} 组成分压式偏置电路，目的是克服交越失真。在无信号输入时，I_{BQ} 很小，I_{CQ} 也很小，损耗功率近似为零，可保证晶体管工作在乙类。T_4、T_5 为具有中心抽头的输入、输出变压器，它的作用是既使电路对称，又使输入、输出阻抗实现匹配。通过输入变压器中心抽头，得到两个幅值相等、相位相反的输入信号，并分别加到 VT_6、VT_7 的输入回路，使它们分别工作在输入信号的正负半周。两晶体管交替工作，互相配合，共同完成对整个信号波形的放大工作。经 VT_6、VT_7 分别放大的两个半波电流经输出变压器 T_5 在负载（扬声器）上合并起来，恢复完整波形。

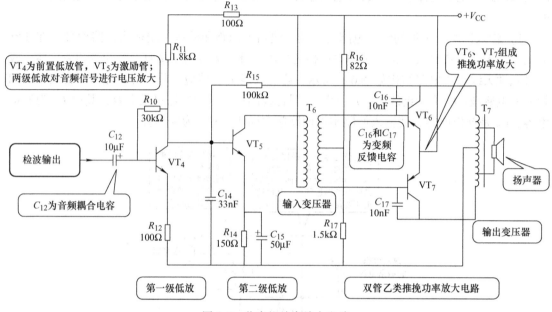

图 6-7 收音机功率放大电路

VT_6、VT_7 集电极得到的放大信号中的一部分变频谐波，会通过集电结电容由集电极返回到基极，构成内部正反馈。这样，可能产生寄生振荡，影响放大器的工作稳定性。为了克服结电容产生的内部反馈的影响，在 VT_6、VT_7 集电极和基极之间各接一只负反馈电容 C_{16}、C_{17}，以抑制变频干扰。

3）电源电路。电源电路的作用是为整机提供合适与稳定的工作电压的装置。晶体管收音机中的电源电路有干电池与直流稳压电源两种形式。由于收音机采用低压直流供电，电能消耗不大，可以采用干电池作电源。收音机的电源电路如图 6-8 所示。但是，干电池价格较

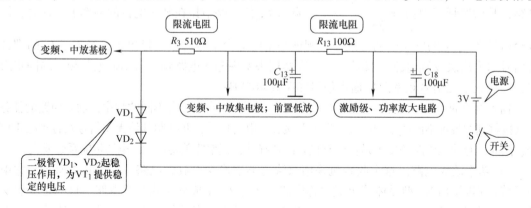

图 6-8 收音机电源电路

高，且用久后内阻增大，引起电压降低，从而使收音机灵敏度低、音量变低、音质变差，所以现在很多收音机都通过外接电源插头与插座，既可使用干电池，又可使用交流电源经变压、整流、滤波、稳压供电。

【知识链接3】印制电路图

1. 基本知识

"印制"是指采用某种方法，在一个表面上再现图形和符号的工艺。印制电路是在一定尺寸的绝缘基材敷铜板上，按预定设计印制导线、制作小孔，从而实现元器件间的相互连接。

印制电路图由印制导线和元器件符号组成，能够准确反映各元器件在印制板上的安装位置、形状、分布状况、尺寸与连线等，能真实反映电路原理图表明的电气特性，是专门为安装、调试、测量和维修服务的电路图。

印制电路图有图样表示方式（见图6-9）和直标方式（见图6-10）两种形式。这两种印制电路图各有优、缺点。对于前者，由于印制电路图可以拿在手中，在印制电路图中寻找某个元器件相当方便；但是，在图上找到元器件后还要将印制电路图与电路板对照才能找到元器件实物，有两次寻找、对照过程，比较麻烦；另外，图样容易丢失。对于后者，在电路板上找到了某元器件编号便找到了该元器件，而且这份"图样"永远不会丢失；不过，当电路板较大、有数块电路板或电路板在机壳底部时，寻找就比较困难。不管是哪种类型的印制电路图，初学者都会感到有一定困难。因为印制电路在设计时要注意前后级间的干扰、接地位置、元器件的大小、开关与接插件的安排以及整机配套安装的合理布局等一系列工艺问题，因此印制电路不一定和原理图那样按信号流程排列，并没有什么明显规律。

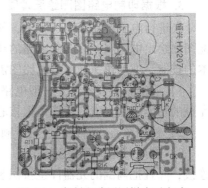

图6-9　印制电路图图样表示方式

2. 印制电路板装配图

印制板装配图是用于指导操作者装配焊接印制电路板的工艺图，它准确描述了元器件在板上的安装位置。印制板装配图有两种：画出印制导线装配图和不画出印制导线装配图。

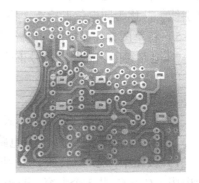

图6-10　印制电路图直标方式

（1）画出印制导线装配图

画出印制导线的印制板装配图，除了按照印制板实物在安装位置上画出元器件之外，还画出了印制导线。

1）元器件可以使用标准图形符号表示，也可以画出实物示意图。

2）有极性的元器件，一定要在该元器件相应的安装位置上标注清楚极性。

3）元器件参数、型号等在板面空间允许时，可以标注，也可以只标注代号，其他参照外附表说明。

4）需要特别说明的工艺要求，如焊点的大小、焊料的种类、焊接后的保护处理等，应该加以注明。

（2）不画出印制导线装配图

不画出印制导线的印制板装配图，把安装元器件的板面作为正面，只在相应安装位置上画出元器件的图形符号，用于指导装配。

1）常见的元器件可以用标准图形符号表示，一些外形比较特殊的元器件则尽量采用实物示意图，并且应清楚地表现出其轮廓；特别像集成电路等元器件，安装尺寸有严格限定的，轮廓尺寸应与实物一致。

2）二极管、晶体管、一些电解电容等有极性的元器件（包括集成电路），要按照实际排列标出极性和安装方向。

3）一般只标出各个元器件的代号。

4）对某些规律性较强的元器件，可以采用简化画法。

3. 根据印制电路图测绘原理图

在进行电子产品维修过程中，如果手边没有原始的电路图，就需要根据印制板实物或装配图测绘出电路图，以明确电路的功能或工作原理。作为电子工程技术人员，这也是一项基本的技能。准确快速地测绘电路图需要在实践中积累丰富的经验，基本的方法与技巧如下。

1）确定核心元器件。一般电路都以集成电路或晶体管为核心，辅以周边电路形成一个完整的功能电路，人们常能依据核心元器件来判断电路大致的功能。

2）按照核心元器件的位置号顺序排列，元器件的位置号通常能反映信号走向。

3）按照装配图实际连接情况，画出核心元器件之间的连接和核心元器件与直流电源的连接，并且把周围的元器件也按照装配图连接情况画出。

4）为防止出现漏画、重画现象，对画出的草图进行检查：将各印制导线编号，每根印制导线看作一个电位点，对照印制导线上的焊盘检查电路图中各个等电位点上连接元器件及其引线，这称为同电位点检查。检查过程中查过一点无误后应用铅笔做好标记。

5）将草图整理成规范的电路图。所谓规范的电路图应具备以下几点：

① 电路符号、元器件代号正确。

② 电路供电通路清晰。

③ 元器件分布均匀、美观。

④ 电路尽量以比较常见的形式出现。

【例6-1】识读图6-11印制电路装配图，说明电路的功能。

1）按图中标志可知，VT_1 是结型场效应晶体管，VT_2 是晶体管，其余还有 $R_1 \sim R_9$ 共9个电阻，$C_1 \sim C_3$ 共3个电容，直流电源 V_{cc}，输入 u_i 和输出 u_o。

2）综观全图，可以把 VT_1、VT_2 认为是本电路的核心元器件，按照代号的顺序，依次画出它们的符号。

3）VT_1、VT_2 工作都需要直流电源提供偏置，按印制电路装配图画出各电极的直流偏置电路。通过观察可以发现，VT_2 的 e 极通过电阻 R_4 与电源相连，c 极通过电阻 R_9 与公共端相连，说明它是一个 PNP 型的晶体管。

4）画出 VT_1、VT_2 之间的连接。在本电路图中，VT_1、VT_2 因采用直接耦合，已在直流偏置电路中画出。

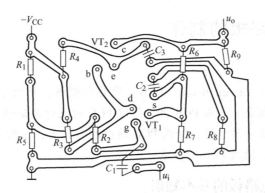

图 6-11　识读印制电路装配图实例

5）画出输入、输出电路。本电路中，输入通过无极性的电容 C_1 与场效应晶体管 g 极相连，是阻容耦合输入；输出直接取自 VT_2 的 c 极，是直接耦合输出。

6）经检查发现，还有电阻 R_5、R_8 和有极性的电容 C_2、C_3 尚未接入电路图，观察它们的连接情况，发现 C_2 与 R_8 串联后与 R_7 并联，R_5 跨接在 VT_1 的 s 与 VT_2 的 c 之间，C_3 连接在 VT_1 的 e 与公共端之间，将它们接入。

7）检查：先清点数量，是否所有元器件和外接端都已在原理图中出现；再用同电位法检查连接有没有错误。

8）检查无误后，整理电路图，调整个别元器件的位置与间距，画成人们习惯的电路图形式。通过分析可知，本电路是一个两级放大电路。

【工作任务实施】 电路图的识读

1. 任务目标

1）了解电路图形符号和电路图的种类。

2）熟悉识读电路原理图的方法和步骤。

3）会分析简单的单元电路，并了解电子元器件在电路中的作用。

4）了解识读印制电路图的方法。

2. 需准备的工具及材料

多媒体课件或电子电路图挂图。

3. 实施前知识准备

识读电路的方法。

4. 实施步骤

1）查找常用元器件图形符号及代号，自制表格记录。

2）利用图书馆资料及网络查找各种电路图的资料。

3）识读电路图。

① 画出收音机电路的框图。

② 根据收音机电路图画出整机的直流通路。

③ 根据收音机电路图，说明各元器件的作用。

④ 对照收音机原理图，在印制电路板上逐个寻找元器件。

任务3 印制电路板的制作

【工作任务描述】

印制电路板（Printed Circuit Board，PCB）简称印制板，是电子产品的重要组成部分，绝大部分的电子元器件都要安装在 PCB 上，所以 PCB 的设计与制造是电子产品设计和制作中的重要环节。通过本任务的学习，知道 PCB 的结构与种类，了解 PCB 的设计原则，能手工制作简单的 PCB，并会检验 PCB 的质量。

【知识链接1】 印制电路板的基本知识

在覆铜板上，按照预定的设计制成导电电路，使元器件可以直接焊在板上，称为印制电路。完成印制电路或印制电路工艺加工的成品板，称为印制电路板。如图 6-12 所示为某型电视机的印制电路板。印制电路板作为电子产品中各种元器件的支撑，提供元器件之间的电气连接，为元器件插装、检查和维修提供了识别字符和图形，还有一些测试数据也在板上标出。在 PCB 上安装、焊接、涂敷完成后的电路板，通常根据其功能或用途命名，如计算机的"显卡""主板"，电视机的"电源板"等。

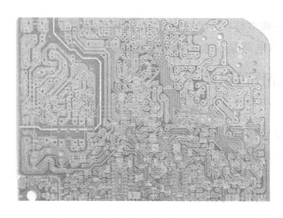

图 6-12　某型电视机的印制电路板

1. 结构

一般来说，印制电路板的结构有单面板、双面板和多层板、挠性板等。

（1）单面板

单面板是一种一面有敷铜，另一面没有敷铜的电路板，用户只可在敷铜的一面布线并放置元器件。单面板由于成本低、不用打孔而被广泛应用。由于单面走线只能在一面上进行，因此，它的设计往往比双面板或多层板困难得多。

（2）双面板

双面板包括顶层（Top Layer）和底层（Bottom Layer），顶层一般为元器件面，底层一般为焊锡层面，双面板的双面都可以敷铜，都可以布线。双面板的电路一般比单面板的电路复杂，但布线比较容易，是制作电路板比较理想的选择。

（3）多层板

多层板是包含了多个工作层的电路板。除了上面讲到的顶层、底层以外，还包括中间层、内部电源或接地层等。随着电子技术的高速发展，电子产品越来越精密，电路板也就越来越复杂，多层电路板的应用也越来越广泛。多层电路板一般指三层以上的电路板。

2. 导线

覆铜板是由绝缘板和黏敷在上面的铜箔构成的。在 PCB 制造过程中，将一部分蚀刻掉，剩下来是所需要的电路，这些铜膜导线也称铜膜走线，简称导线，用于连接各个焊盘，是印制电路板最重要的部分。印制电路板设计都是围绕如何布置导线来进行的。

3. 元器件封装

通常设计完成印制电路板后，要进行电路板定制，然后在制作好的电路板上，焊接相应的元器件。为了保证取用元器件的引脚能正好穿过焊盘，而又不留太大的空隙，就要靠元器件封装。元器件封装是指元器件焊接到电路板时所指的外观和焊盘位置。既然元器件封装只是元器件的外观和焊盘位置，那么纯粹的元器件封装仅仅是空间的概念，因此，不同的元器件可以共用同一个元器件封装；另一方面，同种元器件也可以有不同的封装，所以在取用焊接元器件时，不仅要知道元器件名称，还要知道元器件的封装。

元器件的封装形式可以分成两大类：直插式（THT）元器件封装和表面贴装式（SMT）元器件封装，如图 6-13 所示。THT 元器件封装焊接时先要将元器件针脚插入焊盘导通孔，然后再焊锡，焊盘和过孔贯穿整个电路板；SMT 元器件封装的焊盘只限于表面层。

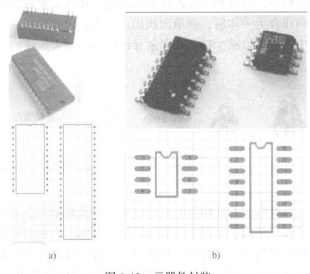

图 6-13　元器件封装

a）THT 封装　b）SMT 封装

4. 焊盘

为将元器件固定在 PCB 上，需要将其引线端直接焊接在布线上，在最基本的单面板上，元器件集中在一面，导线集中在另一面，所以要将元器件的引线通过小孔穿过板子焊在另一面上，这时将 PCB 的两面分别称为元器件面和焊接面。

焊接或设计过程中将印制导线在焊接孔周围的金属部分称为焊盘，焊盘的作用是放置焊锡、连接导线和元器件引脚。选择元器件的焊盘类型要综合考虑该元器件的形状、大小、布置形式、振动和受热情况、受力方向等因素。

（1）连接盘的尺寸

连接盘的尺寸取决于焊接孔的尺寸。焊接孔是指固定元器件引线或跨接线面贯穿基板的孔。显然，焊接孔的直径应该稍大于焊接元器件的引线直径。焊接孔径的大小与工艺有关，当焊接孔径大于或等于印制板厚度时，可用冲孔；当焊接孔径小于印制板厚度时，可用钻孔。

（2）连接盘的形状

根据不同的要求选择不同形状的连接盘，圆形连接盘用得最多，因为圆焊盘在焊接时，焊锡将自然堆焊成光滑的圆锥形，结合牢固、美观。但有时，为了增加连接盘的黏附强度，也采用正方形、椭圆形和长圆形连接盘。连接盘的常用形状如图 6-14 所示。

图 6-14　连接盘的常用形状

（3）岛形焊盘

焊盘与焊盘间的连线合为一体，如同水上小岛，故称为岛形焊盘，如图 6-15 所示。常用于元器件的不规则排列中，其有利于元器件密集固定，并可大量减少印制导线的长度与数量。此外，焊盘与印制线合为一体后，铜箔面积加大，使焊盘和印制线的抗剥强度增加，所以，多用在高频电路中。它可以减少接点和印制导线电感，增大地线的屏蔽面积，以减少连接点间的寄生耦合。

图 6-15　岛形焊盘

5. 丝印层

为方便电路的安装和维修，要在印制电路板的上下两表面印上必要的标志图案和文字代号等，例如元器件标号和标称值、元器件轮廓形状和厂家标志、生产日期等，这就称为丝印层。不少初学者设计丝印层的有关内容时，只注意文字符号放置得整齐美观，而忽略了实际制出的 PCB 效果。在他们设计的印制板上，字符不是被元器件挡住就是侵入了助焊区而被抹除了，还有把元器件标号打在相邻元器件上，如此种种的设计都将会给装配和维修带来很大不便。正确的丝印层字符布置原则是：不出歧义，见缝插针，美观大方。

【知识链接2】印制电路板的设计原则

PCB 设计是指设计人员根据电路原理图和元器件的形状尺寸，将元器件进行合理排列并实现电气连接。

具体包括以下步骤。

1) 确定印制电路板的尺寸、形状和材料，确定印制电路板与外部的连接，元器件的安装方法。

2) 在印制电路板上布设导线和元器件，确定印制导线的宽度、间距以及焊盘的直径和孔径。

3) 提交给印制板生产厂家。

设计印制电路板时，当元器件布局和布线的方案初步确定后，就要具体地设计印制导线与印制电路板图形。这时必然会遇到印制线宽度、导线间距等设计尺寸的确定以及图形的格式等问题。设计尺寸和图形格式不能随便选择，它关系到印制电路板的总尺寸和电路性能。

（1）印制导线的宽度

一般情况下，印制导线应尽可能宽一些，这有利于承受电流和制造时方便。表 6-3 为 0.05mm 厚的导线宽度与允许电流量、电阻的关系。

表 6-3　0.05mm 厚的导线宽度与允许电流量、电阻的关系

线宽/mm	I/A	R/(Ω/M)	线宽/mm	I/A	R/(Ω/M)
0.5	0.8	0.7	1.5	1.3	0.31
1.0	1.0	0.41	2.0	1.9	0.25

印制导线有电阻，通过电流时将产生热量和电压降。印制导线的电阻在一般情况下可不予考虑，但当作为公共地线时，为避免地线电位差而引起寄生反馈时要适当考虑。印制电路的电源线和接地线的载流量较大，因此，设计时要适当加宽，一般取 1.5 ~ 2.0mm。当要求印制导线的电阻和电感小时，可采用较宽的信号线；当要求分布电容小时，可采用较窄的信号线。

（2）印制导线的间距

一般情况下，建议导线间距等于导线宽度，但不小于 1mm，否则浸焊就有困难。对微型化设备，导线的最小间距应不小于 0.4mm。导线间距与焊接工艺有关，采用浸焊或波峰焊时，间距要大一些，手工焊接时的间距可小一些。

（3）导线的形状

印制导线的形状有平直均匀形、斜线均匀形、曲线均匀形和曲线非均匀形。选用印制导线的形状出于机械因素、电气因素及美观大方等原因，应避免使用图 6-16a 所示的图形，尽量优先采用图 6-16b 所示的图形。

a)　　　　　　　　　　　　　　　　　　　　b)

图 6-16　选用印制导线形状
a）避免采用　b）优先采用

1) 同一印制电路板的导线宽度（除地线外）最好一样。

2) 印制导线应走向平直，不应有急剧的弯曲和出现尖角，所有弯曲与过渡部分均须用圆弧连接。

3) 印制导线应尽可能避免有分支，如必须有分支，分支处应圆滑。

4）印制导线尽量避免长距离平行，对双面布设的印制线不能平行，应交叉布设。

5）如果印制板面需要有大面积的铜箔，例如电路中的接地部分，则整个区域应镂空成栅状，见图6-17。这样在浸焊时能迅速加热，并保证涂锡均匀。此外还能防止板受热变形，防止铜箔翘起和剥脱。

图6-17　栅状铜箔

6）当导线宽度超过3mm时，最好在宽导线中间开槽成两根并行的连接线，见图6-18。

图6-18　在宽导线中间开槽成两根并联线

【知识链接3】 PCB的制作

1. 制造工艺

制造印制电路板首先应将底图或照相底片上的图形转印到覆铜箔层压板上，然后进行蚀刻。其中一种方法是印制蚀刻法，或叫作铜箔腐蚀法，即用防护性抗蚀材料在覆铜箔板上形成比较精确的正性图形，那些未被抗蚀材料保护起来的铜箔，经化学蚀刻后被去掉，蚀刻后清除抗蚀层，便留下由铜箔构成的印制电路图形。另一种方法是用抗蚀剂转印出负性图形，露出的铜表面就是需要的印制电路图形，其他部分形成抗镀层。对露出的印制电路图形进行清洗处理后，再电镀一层金属保护层（镀铜或镀锡），形成电镀图形。然后，将有机抗蚀层去掉，电镀金属保护层在蚀刻中起到了抗蚀层的作用，蚀刻工序完成后再将电镀层去掉即可。

2. 手工制作PCB

在产品研制和实验阶段或在调试和设计中，需要很快得到PCB，如果采用正常的步骤，制作周期长，不经济，这时要以使用简易的方法手工自制PCB。根据所采用图形转移的方法不同，手工制板可用漆图法、贴图法、刀刻法、感光法及热转印法等多种方式实现。

（1）漆图法

1）下料。把覆铜板裁成所需要的大小和形状。

2）清板。用锉刀将四周边缘毛刺去掉，用细砂纸或少量去污粉去掉表面的氧化物，用清水洗净后，将板晾干。

3）拓图。将复写纸放在覆铜板上，把设计好的印制板布线图放在复写纸上，有图的一面朝上。用胶纸把电路图和覆铜板粘牢。用硬质笔根据布线图进行复写，印制导线用单线，焊盘用圆点表示。仔细检查，确定无误后再揭开复写纸。

4）钻孔。选择合适的钻头，一般采用直径为1mm的钻头较适中，对于少数元器件端子较粗的插孔，例如电位器端子孔，需用直径为1.2mm以上的钻头钻孔。对微型电钻（或钻床）通电进行钻孔，进刀不要过快，以免将铜箔挤出毛刺。如果制作双面板，覆铜板和印制板布线图要有3个以上的定位孔，先用合适的钻头将其钻透，以利于描反面连线时定位。如果是制作单面板，可在腐蚀完后再钻孔。

5）描板。准备好调和漆或指甲油、直尺、鸭嘴笔、垫块等器材，按复写图样描在电路板上，描图时应先描焊盘，再描印制导线图形，将描好的覆铜板晾干。

6）腐蚀。按一份三氯化铁勾兑两份水的比例配制成三氯化铁溶液，并对其适当加热，但温度要限制在40~50℃之间，将检查修整后的覆铜板浸入腐蚀液中，完全腐蚀后，取出用清水清洗。

7）去膜。用热水浸泡或用酒精、丙酮擦除漆膜，再用清水洗净。

8）涂助焊剂。冲洗晾干，涂上松香助焊剂等助焊剂。

（2）刀刻法

1）图形简单时可用整块胶带将铜箔全部贴上，然后用刀刻法去除不需要的部分。此法适用于保留铜箔面积较大的图形。

2）用刀将铜箔划透，用镊子或钳子撕去不需要的铜箔；也可用微型砂轮直接在铜箔上磨削出所需图形，不用蚀刻而直接制成PCB。

（3）热转印法

1）用Protel或者其他的制图软件制作好印制电路板图。

2）用激光打印机把电路图打印在热转印纸上。

3）用细砂纸擦干净覆铜板，磨平四周，将打印好的热转印纸覆盖在覆铜板上，送入照片过塑机（温度调到180~220℃）来回压几次，使熔化的墨粉完全吸附在覆铜板上（如果覆铜板足够平整，可用电熨斗熨烫几次，也能实现图形转移）。

4）覆铜板冷却后揭去热转印纸，腐蚀后，即可形成做工精细的PCB。

【知识链接4】 PCB的质量检验

PCB在制成之后，先要通过质量检验，然后才能进行元器件插装和焊接。

1. 目视检验

首先通过目视检验，用肉眼检验所能见到的一些情况，如表面缺陷，包括凹痕、麻坑、划痕、表面粗糙、空洞和针孔等。

另外还要检查焊孔是否在焊盘中心，导线图形是否完整。可以用照相底图制造的底片覆盖在已加工好的印制电路板上，来测定导线的宽度和外形是否处在要求的范围内，再检验印制电路板的外边缘尺寸是否处于要求的范围内。

2. 过孔的连通性

对于多层电路板要进行连通性试验，以查明需要连接的印制电路图形是否具有连通性。

3. 电路板的绝缘电阻

电路板的绝缘电阻是印制电路板绝缘部件对外加直流电压所呈现出的一种电阻。在印制电路板上，此试验既可以在同一层上的各条导线之间来进行，也可以在两个不同层之间来进行。选择两根或多根间距紧密、电气上绝缘的导线，先测量它们之间的绝缘电阻；再加速湿热一个周期（将试样垂直放在试验箱的框架上，箱内相对湿度约为100%，温度在42~48℃，放置几小时到几天）后，置于室内条件下恢复1小时，再测量它们之间的绝缘电阻。

4. 焊盘的可焊性

可焊性是用来测量元器件焊接到印制电路板上时，焊锡对印制图形的润湿能力，一般用润湿、半润湿和不润湿来表示。润湿即焊料在导线和焊盘上可自由流动及扩展，形成黏附性连接；半润湿即焊料先润湿焊盘的表面，然后由于润湿不佳而造成焊锡回缩，结果在基底金属上留下一薄层焊料。在焊盘表面一些不规则的地方，大部分焊料都形成了焊料球；不润湿即焊料虽然在焊盘的表面上堆积，但未和焊盘表面形成黏附性连接。

5. 镀层附着力检查

镀层附着力的一种通用方法是胶带试验法。把透明胶带横贴于要测的导线上，并将此胶带用手按压，使气泡全部排除，然后掀起胶带的一端，大约与印制电路板呈 90° 时扯掉胶带，扯胶带时应快速猛扯，扯下的胶带完全干净且没有铜箔附着，说明该板的镀层附着力合格。

【工作任务实施】刀刻法制作 PCB

1. 任务描述

1）能用手工制作简单的 PCB。

2）会目测检查 PCB 的质量。

2. 需准备的工具及材料

1mm 厚单面覆铜板、刻刀、钢锯、广告贴纸、PCB。

3. 实施前知识准备

刀刻法及其他手工制作 PCB 方法。

4. 实施步骤

1）本任务所需的印制电路板实际尺寸是 30mm × 20mm，可先用钢板尺、铅笔在单面敷铜板的铜箔面画出 30mm × 20mm 裁取线，再用钢锯沿画线的外侧锯得所需尺寸，最后用细砂纸（或砂布）将敷铜板的边缘打磨平直光滑。

2）将如图 6-19 所示的印制电路图打印在广告贴纸上，然后将广告贴纸背面的薄膜撕下，将其平整地粘在覆铜板上，最后用刻刀将电路图以外的部分去除。此方法只适用于电路比较简单的情况，优点是无须腐蚀，缺点是比较费力，且精度较低。

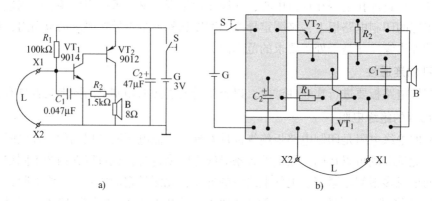

图 6-19 刀刻法制作断线报警器电路

a）原理图 b）PCB 图

3）刻好的印制电路板，在条件允许的情况下可将元器件直接焊在有铜箔的一面，这样可省去在印制电路板上钻元器件安装孔的麻烦，而且可以很直观地对照印制电路板接线图焊接元器件，不易出错，这对于简单的电路尤为适用。但是大多数制作还是要求给印制电路板钻出元器件安装孔。钻孔前，先用锥子在需要钻孔的铜箔上扎出一个凹痕，这样钻孔时钻头才不会滑动。也可用尖头冲子（或铁钉）在焊点处冲小坑，效果是一样的。钻孔时，钻头要对准铜箔上的凹痕，钻头要和电路板垂直，并适当地施加压力。装插一般小型元器件引脚的孔径应为 0.8~1mm，稍大元器件引脚和电线的孔径应为 1.2~1.5mm，装固定螺钉的孔径一般是 3mm，应根据元器件引脚的实际粗细等选择合适的钻头。

4）钻完孔的印制电路板，用细砂纸轻轻打磨铜箔表面的污物和氧化层后，再用小刷子在铜箔面均匀地涂刷上一层松香酒精溶液，待风干以后使用。涂刷松香酒精溶液的既保护铜箔不被氧化，又便于焊接。

松香酒精溶液是一种具有抗氧化、助焊接双重功能的溶剂。松香酒精溶液的配制方法是：在一个密封性良好的玻璃小瓶里盛上多半瓶 95% 的酒精，然后按 3:1（3 份酒精加 1 份松香）的比例将酒精放进压成粉末状的松香中，并用小螺钉旋具（或小木棍）搅拌，待松香完全溶解在酒精中即成。

5）检查 PCB 的质量。

任务 4　使用 Protel DXP 2004 绘制电路原理图

【工作任务描述】

随着电子技术的迅速发展，电路板的制作工艺越来越复杂、层数越来越多、布线密度也越来越高。在电子电路设计过程中，大量地使用计算机辅助完成，即电路设计自动化（EDA），极大提高了电路设计的效率，有效地减轻了设计人员的劳动强度。常用的电子电路设计工具很多，本任务简单介绍 Protel DXP 2004 的使用，使读者能进行基本操作，并使用软件绘制简单的电路原理图和 PCB 图。

【知识链接】绘制电路原理图

1. 电路图绘制的一般规定

1）绘制电路图，应以图面均匀紧凑、便于看图、顺序合理、电线连接最短且交叉最少为原则；将各符号根据产品的基本工作原理，按照从左至右、自上而下的顺序排列成一列或数列；各元器件符号的位置应该尽量体现电路工作时各个元器件的作用顺序，串联元器件的符号画在一直线上，并联器件的符号中心对齐。

2）电路图中的连线应尽可能保持横平竖直，一般从一个点上引出不多于 3 根导线；连线中，导线的粗细、长短不代表电路连接的变化。

3）电路图中，组成产品的所有元器件及连线一般均以国家标准规定的图形符号表示。在某些比较复杂的电路中，由于连线、接点较多，图形密集，很难看清，在实践中，人们采用一些省略简化图形的方法，使画图、读图方便又不易混淆，很多方法已被公认。

2. Protel DXP 2004 简介

Altium 公司在原来 Protel 99SE 的基础上，应用先进的软件设计方法，于 2002 年推出了一款基于 Windows 2000 和 Windows XP 操作系统的 EDA 设计软件 Protel DXP。并于 2004 年推出了整合 Protel 完整 PCB 设计功能一体化的 Protel DXP 2004。

（1）原理图设计部分——原理图编辑器

原理图编辑器完成实际电路电气连接的正确描述，包括选取元器件的原理图符号并且正确的连接，选择元器件的封装。

（2）PCB设计部分——PCB编辑器

PCB编辑器主要是根据原理图的设计，完成电路板的制作。包括规划电路板的外形、元器件的布局布线覆铜等。

这两个阶段是相互调整的，当原理图改变之后，PCB要相应地更新，反之亦然。当需要特殊的原理图符号或者元器件封装的时候，就需要用到原理图库编辑器和PCB库编辑器。

3. 绘制原理图实例

绘制出如图6-20所示的直流稳压电源电路原理图，其中纸型设置为A4、改变工作区颜色、方向设置为水平方向，最后将图纸命名为"Power - 7805.SchDoc"进行保存。

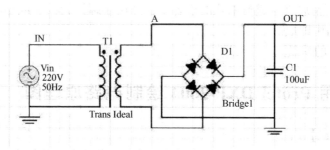

图6-20　直流稳压电源电路原理图

（1）建立PCB设计项目

启动原理图编辑器，从Protel DXP的主菜单下执行File→New→PCB Project命令，新建一个PCB设计项目，如图6-21所示。

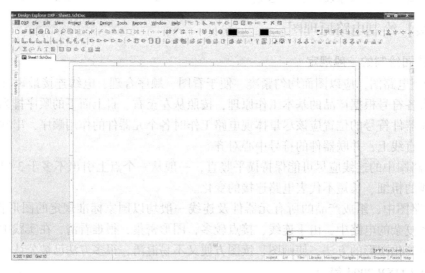

图6-21　原理图编辑器界面

（2）保存文件

1）在"Projects"面板中右击项目"PCB Project1.PrjPCB"，将弹出如图6-22所示的保存菜单。

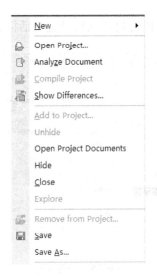

图 6-22　保存菜单

2）选择"Save Project"命令，弹出保存文件对话框，如图 6-23 所示。

图 6-23　保存文件对话框

3）在该对话框中的"File name"下拉文本框中输入"Schematic. SchDoc"后单击"Save"按钮尽可能完成对该原理图文件的保存，名为"Schematin. SchDoc"，如图 6-24 所示。

图 6-24　保存新建原理图

（3）设置图纸参数

1）执行 DesignOption 命令，即可打开图纸设置对话框，如图 6-25 所示。

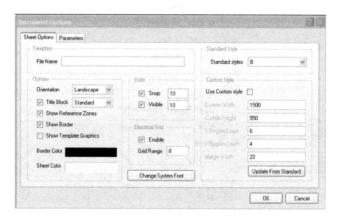

图 6-25　保存菜单

2）图纸方向的设置，在该对话框"Option"选项区的"Orientation"下拉列表框中，选择"Landscape"项为图纸水平放置。

3）在"Options"选项区的"Scheet Color"栏中，选择工作区为浅绿色。

4）在"StandardStyles"下拉列表框中设置图纸尺寸，选择 A4 纸型。

5）其他选项保持默认设置，单击"OK"按钮，即可完成图纸参数设置，效果如图 6-26 所示。

图 6-26　设置完图样后的编辑器界面

（4）绘制原理图

1）放置元器件。

从元器件库中取出所需的元器件，放在工作区中。如需翻转操作可按空格键进行 0°、90°、180°和 270°四种角度的翻转，如图 6-27 所示。

2）修改元器件的流水号及属性值。

在元器件上双击鼠标右键（也可以在放置过程中，按 <Tab> 键，在弹出的对话框中修改元器件属性）将弹出属性设置对话框，更改其中的流水号及属性值，效果如图 6-28 所示。

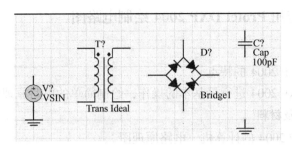

图 6-27　放置元器件

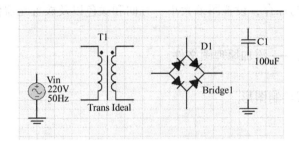

图 6-28　修改元器件属性后的效果

3）绘制元器件间的电器连接。

用绘制导线工具来连接元器件间的引脚，绘制导线后的效果如图 6-29 所示。

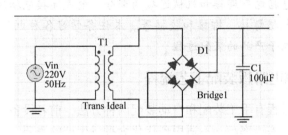

图 6-29　绘制导线的效果

4）放置网络标号。

单击网络标号工具，放置网络标号。在放置的过程中，按 < Tab > 键，在弹出的对话框中设置网络标号的属性，放置网络标号后的效果如图 6-30 所示。

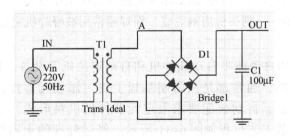

图 6-30　放置网络标号后的效果

【工作任务实施】应用 Protel DXP 2004 绘制电路图

1. 任务描述

1）了解 Protel DXP 2004 的特点。

2）使用 Protel DXP 2004 进行最基本的操作，绘制简单的电路原理图。

2. 需准备的工具及材料

安装有 Protel DXP 2004 的计算机、电路原理图。

3. 实施前知识准备

设计文件的新建与保存，设置图纸大小、方向和颜色以及放置元器件等知识。

4. 实施步骤

1）建立项目文件——添加原理图文件。

2）图纸设置。

3）放置元件连线绘制图形。

4）编译检查。

任务5 电子产品装配过程

【工作任务描述】

电子产品的装配包括电气连接和机械连接两部分。电气连接包括焊接、接插件连接、导线连接等；机械连接包括螺接、铆接和胶接等。本任务学习各种电气连接和机械连接的方法，以便合理地完成电子产品的装配过程。

【知识链接1】印制电路板装配工艺流程

印制电路板装配过程有手工装配和自动装配两种方法，前者设备简单，操作方便，使用灵活；但装配效率低，差错率高，不适用现代化大批量生产的需要。而后者安装速度快，误装率低，但设备成本高，引脚整形要求严格。

1. 手工装配

在产品的样机试制阶段或小批量试生产时，印制电路板装配主要靠手工操作，操作顺序是：待装元器件→引脚整形→插件→调整位置→剪切引线→固定位置→焊接→检验。

对于设计稳定，大批量生产的产品，印制电路板装配工作量大，宜采用流水线装配。引线切割一般用专用设备——割头机切割完成，锡焊通常用波峰焊机完成。

2. 自动装配

自动装配一般使用自动或半自动插件机和自动定位机等设备。自动装配和手工装配的过程基本上是一样的，通常都是从印制基板上逐一添装元器件，构成一个完整的印制电路板，所不同的是，自动装配要求限定元器件的供料形式，整个插装过程由自动装配机完成。自动插装工艺过程如图6-31所示。经过处理的无器件装在专用的传输带上，间断地向前移动，保证每一次有一个元器件进到自动装配机的装插头的夹具里，插装机自动完成切断引线、引脚整形、移至基板、插入、弯角等动作，并发出插装完了的信号，使所有装配回到原来位置，准备装配第二个元器件。印制电路板靠传送带自动送到另一个装配工位，装配其他元器件，当元器件全部插装完毕，即自动进入波峰焊接的传送带。

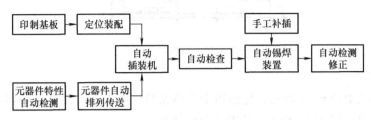

图 6-31　自动插装工艺过程

印制电路板的自动传送、插装、焊接、检测等工序，都是用计算机进行程序控制的。它首先根据印制电路板的尺寸大小、孔距、元器件尺寸和它在板上的相对位置等，确定可插装元器件和选定装配的最好途径，然后编写程序，最后把这些程序送入编程机的存储器中，由计算机自动控制完成工艺流程。自动插装是在自动装配机上完成的，对元器件装配的一系列工艺措施都必须适合于自动装配的一些特殊要求，并不是所有的元器件都可以进行自动装配，在这里最重要的是采用标准元器件和尺寸。对于被装配的元器件，要求它们的形状和尺寸尽量简单一致，方向易于识别，有互换性等；有些元器件还有方向限制，即元器件在印制电路板什么方向排列，对于手工装配没有限制。但在自动装配中，则要求沿着 X 轴和 Y 轴排列，最佳设计要指定所有元器件只有一个轴上排列（至多排列在两个方向上）。为希望机器达到最大的有效插装速度，就要有一个最好的元器件排列。元器件的引线孔距和相邻元器件引线孔之间的距离，也都应标准化，并尽量相同。

3. 元器件安装的技术要求

1）元器件的标志方向应按照图样规定的要求，安装后能看清元器件上的标志。

2）安装元器件的极性不得装错，安装前应套上相应的套管。

3）安装高度应符合规定要求，同一规格的元器件应尽量安装在同一高度上。

4）安装顺序一般为先低后高，先轻后重，先易后难，先一般元器件后特殊元器件。

5）元器件在印制电路板上的分布应尽量均匀，疏密一致，排列整齐美观。不允许斜排、立体交叉和重叠排列。元器件外壳和引线不得相碰，要保证 1mm 左右的安全间隙。

6）元器件的引线直径与印制焊盘孔径应有 0.2～0.4mm 的合理间隙。

7）一些特殊元器件的安装处理，MOS 集成电路的安装应在等电位工作台上进行，以免静电损坏元器件。发热元件（如 2W 以上的电阻）要与印制电路板面保持一定的距离，不允许贴面安装，较大元器件的安装（重量超过 28g）应采取固定（绑扎、粘、支架固定等）措施。

4. 元器件的安装方法

元器件安装一般有以下几种形式。

（1）贴板安装

贴板安装形式如图 6-32 所示，它适用于防震要求高的产品。元器件贴紧印制基板面，安装间隙小于1mm。当元器件为金属外壳，安装面又有印制导线时，应加绝缘衬垫或套绝缘套管。

图 6-32　贴板安装

（2）悬空安装

悬空安装形式如图 6-33 所示，它适用于发热元器件的安装。元器件距印制基板面有一定高度，安装距离一般为 3~8mm，以利于对流散热。

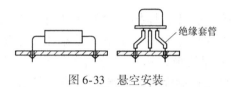

图 6-33　悬空安装

（3）垂直安装

垂直安装形式如图 6-34 所示，它适用于安装密度较高的场合。元器件垂直于印制基板面，但对质量大、引线细的元器件不宜采用这种形式。

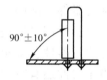

图 6-34　垂直安装

（4）埋头安装（倒装）

埋头安装形式如图 6-35 所示。这种方式可提高元器件防震能力，降低安装高度。元器件的壳体埋于印制基板的嵌入孔内，因此又称为嵌入式安装。

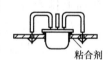

图 6-35　埋头安装

（5）有高度限制时的安装

有高度限制时的安装形式如图 6-36 所示。如果元器件安装高度有限制，一般会在图样上标明。通常处理的方法是垂直插入后，再朝水平方向弯曲。对大型元器件要进行特殊处理，以保证有足够的机械强度，经得起振动和冲击。

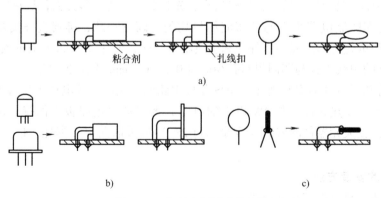

图 6-36　有高度限制时的安装

a）电容器　b）晶体管　c）热敏电阻

146

（6）支架固定安装

有支架固定的安装形式如图 6-37 所示。这种方法适用于重量较大的元器件，如小型继电器、变压器、阻流圈等，一般用金属支架在印制基板上将元器件固定。

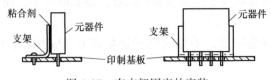

图 6-37　有支架固定的安装

【知识链接 2】 电气连接

电子产品装配的电气连接主要采用印制导线连接、导线、电缆以及其他电导体等方式进行连接。

1. 印制导线连接

印制导线连接是元器件间通过印制电路板的焊接盘把元器件焊接（固定）在印制电路板上，利用印制导线进行连接。目前，电子产品的大部分元器件都是采用这种连接方式进行连接的。但对体积过大、重量过重以及有特殊要求的元器件，则不能采用这种方式，因为，印制电路板的支撑力有限、面积有限。为了免受振动、冲击的影响，保证连接质量，对较大的元器件，有必要考虑固定措施。

2. 导线、电缆连接

对于印制板外的元器件与元器件、元器件与印制电路板、印制电路板与印制电路板之间的电气连接基本上都采用导线与电缆连接的方式。在印制电路板上的"飞线"和有特殊要求的信号线等也采用导线或电缆进行连接。导线、电缆的连接通常通过绕接、压接、接插件连接等方式进行连接。

（1）压接

压接是用专用工具（冷压钳）对导线与金属插套施加压力，通过两金属的塑性变形而形成牢固接点的连接工艺。压接具有工艺简单、接点稳定可靠、机械强度好、防潮、抗震、防腐等特点，在整机装配中得到了广泛的应用。适合压接连接的单股或多股塑料线，其芯线直径为 0.2~2.5mm。常见冷压钳及压接端子如图 6-38 所示。

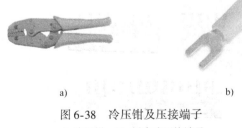

a)　　　　　　　　　　b)

图 6-38　冷压钳及压接端子
a）冷压钳　b）插套式压接端子

冷压钳（或其他冷压工具）的性能是保证压接质量的关键，因此压接工具的选用十分重要。常用的冷压钳有单口和双口之分，单口钳有一排钳口，用于压接不同直径的导线；双口钳在同一导线位置有前、后两个大小不同的钳口，其中大钳口用于压接金属端子包住导线塑料皮的部位，小钳口用于压接金属端子包住裸导线的部位，两个压接点一次压接完成，方便可靠。压接操作完成后，应检查压接点的质量。好的压接点应该是压接端子无裂损、导线无损伤，压接点处的两金属通过塑性变形紧密接触，接触电阻小，而且具有一定的抗拉力。

（2）绕接

绕接操作一般用绕接器完成，手枪式绕接器如图6-39a所示，绕接后效果如图6-39b所示。

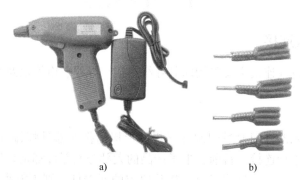

a)   b)

图6-39　手枪式绕接器与绕接效果

a）手枪式绕接器　b）绕接效果

绕接操作过程的具体步骤如下。

1）去除导线绝缘层。

2）将绕套凸口旋转对准绕头半圆形的导线槽，插入待绕裸铜线。

3）将槽外导线在绕头缺口处折弯并固定。

4）将绕头接线柱孔套入印制电路板上的接线柱。

5）接通电源，使绕头在距接线柱根部约2mm处开始高速旋转绕接，约0.2s即可完成一个绕接点。

6）拔出绕头，关电源。

（3）接插件连接

接插件连接是使用较广泛的一种连接技术，在项目3中对接插件也已经有所介绍，图6-40所示是常用接插件。

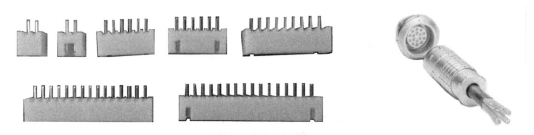

图6-40　常用接插件

在一台较复杂的无线电整机中，可能有许多接插件及其他类型的连接点，在机械外力或自然环境的影响下，有可能造成某一个或数个连接点松动、焊点脱落、接触电阻增加或接点间绝缘电阻下降，这将使整机"带病"运行，甚至不能使用。在维修中，要在成百上千个连接点里找到这些故障也绝非一件容易的事。所以，连接点的质量对整机的可靠性、稳定性及可维护性有着重要的关系，因此在选用、采购及安装时对接插件一般都有较严格的技术要求，必须十分注意。

3. 其他连接方式

在多层印制电路板之间的连接是采用金属化孔进行连接的。金属封装的大功率晶体管以及其他类似器件通过焊片用螺钉压接。大部分的地线是利用底板或机壳进行连接的。

【知识链接3】 机械连接

电子产品机械结构的装配是整机装配的主要内容之一。组成整机的所有结构件，都必须用机械的方法固定起来，以满足整机在机械、电气和其他方面性能指标的要求。合理的结构及结构装配的牢固性，也是电气性可靠性的基本保证。

1. 螺接

在电子设备的装联中，螺接是最常见、使用最普遍的一种可拆卸的连接方式，螺接所用的紧固件主要是螺钉、螺栓和螺母等。

（1）常用的螺接紧固件

1）普通螺钉、螺栓：常见的螺钉、螺栓如图6-41所示。螺钉和单头螺栓按头部形状，可分为六角头、圆柱头、半圆球头、沉头等种类；按头部槽形状，可分为"一"字槽和"十"字槽。螺栓联接用于两边为光通孔的螺接，螺钉联接常用于一边为盲螺孔的螺接。头部槽的选用无硬性规定。一般来说，"一"字槽强度较低，拧紧时容易滑脱，对中性稍差，"十"字槽则能克服上述缺陷，所以现在"十"字槽头的螺钉、螺栓使用十分普遍。

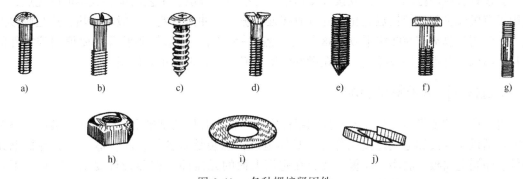

图6-41　各种螺接紧固件

a）十字螺钉　b）一字螺钉　c）自攻螺钉　d）沉头螺钉　e）紧定螺钉　f）单头螺栓
g）双头螺栓　h）螺母　i）平垫圈　j）弹簧垫圈

2）自攻螺钉：自攻螺钉属于特殊类螺钉，它的头部呈尖锥形，如图6-41c所示。它主要用于塑料、木料等软质材料零部件和结构的紧固，使用时无须在塑料和木料上打孔攻丝，可直接拧入。现在，收音机、电视机等家电产品的塑料机壳安装均采用自攻螺钉。

3）螺母：螺母如图6-41h所示，主要用在单头或双头螺栓的螺接中，选用时注意公称直径和螺距要与配用的螺栓一致。螺母外形一般呈六角形，拧紧时要使用与之相适应的扳手或套筒。

4）垫圈：常用垫圈如图6-41i、j所示，分为平垫圈与弹簧垫圈，平垫圈主要用于增加两连接面的面积，并保护连接件表面；弹簧垫圈主要使用在易产生震动的螺接位置。一般弹簧垫圈要与平垫圈配套使用，以免弹簧垫圈损伤连接件表面。平垫圈还可将弹簧垫圈与绝缘套管隔离开，以保护绝缘套管不被损坏。

（2）螺接工艺要点

1）合理选用紧固件组合。

2）合理选用螺钉旋具，拧紧时不打滑，不损伤螺钉头。

3）多个螺接点旋紧时应遵循用力均匀、交叉对称、分步拧紧的步骤，以免造成连接件歪斜或应力集中而损坏。

4）用扳手上紧六角螺钉（栓）时，不可用大扳手拧小螺钉（栓），也不可用力过大，以免损坏螺钉（栓）或联接件。

2. 铆接

用铆钉将连接件连接在一起的过程称铆接。铆接是不可拆卸的固定连接。用于铆接的铆钉通常有半圆头、平锥头、沉头和空心铆钉，如图6-42所示。

图6-42　常见铆钉

铆接方法有机铆和手工铆两种。机铆需专用铆接机，铆接质量较好，适合大批量生产、手工铆接时，要使用手锤、各类冲头及垫模等铆接工具。铆接质量的好坏与铆钉留头长度、预制孔大小、铆接工具的选择直接相关。

3. 胶接

用胶黏剂将各种材料黏结在一起的连接方法称为胶接。电子工程中常用胶接的方法对小型元器件进行不可拆卸的胶接连接。

胶接具有应用范围广、被胶接件变形小、连接应力分散、工艺简单、成本低的优点；但使用了有机胶黏剂易使接点老化，并且胶接处质脆、抗冲击力差，一般不耐热，这是胶接的缺点。常用胶黏剂有502快干胶、88号胶（氯丁-酚醛）、环氧树脂胶等。要根据胶接件的材料、结构等合理选用胶黏剂，并在做好胶接表面的预处理后正确使用。

【知识链接4】电子整机装配

电子产品的整机装配是在各部件和组件安装、检验合格的基础上，进行整机装配。整机装配包括机械连接和电气连接两部分。具体地说，总装是将各零、部、整件（如各机电元器件、印制电路板、底座、面板以及装在它们上面的元器件）按照设计要求，安装在不同的位置上，组合成一个整体。

1. 整机装配的方式

总装的装配方式，从整机结构来分，有整机装配和组合件装配两种。对整机装配来说，整机是一个独立的整体，它把零、部、整件通过各种连接方法安装在一起，组成一个不可分的整体，具有独立工作的功能。如：收音机、电视机、信号发生器等。而组合件装配，整机则是若干个组合件的组合体，每个组合件都具有一定的功能，而且随时可以拆卸，如大型控制台、插件式仪器等。

2. 整机装配的原则

整机装配的目标是利用合理的安装工艺，实现预定的各项技术指标。整机安装的基本原则是：先轻后重、先小后大、先铆后装、先装后焊、先里后外、先下后上、先平后高、易碎易损件后装，上道工序不得影响下道工序的安装。

以上所说的装配原则也并非一成不变，比如在印制电路板上没有元器件符号标记的情况下，按照上述安装原则往往容易将元器件的位置放错。因此在一些生产实践中，先安装集成件，再安装分立件；先安装大器件，再安装小器件，更便于找到元器件在板上的位置，因为集成件和大器件占据了很多板上的位置，剩下来的安装孔就不多了，很容易将元器件安装正确。例如，对分立件收音机的安装，也可以采取下列顺序：双联电容→电位器→中周→输入变压器→输出变压器→电阻器→电容器→晶体管→二极管。

【工作任务实施】LED 节能灯的装配

1. 任务目的

1）能正确进行简单电子产品的装配。

2）熟悉焊接和装配的方法。

3）培养安全和节能环保意识。

2. 需准备的工具及材料

LED 节能灯套件、尖嘴钳或斜口钳一把、调温电烙铁、焊锡丝、松香、AB 胶。

3. 实施前知识准备

焊接方法，装配工艺。

4. 实施步骤

1）分组，分发工具和元器件。

2）将电路板安装面朝上，将 LED 按正确的极性方向插装，注意长引脚是正极，短引脚是负极，切勿装反因为此电路采用的是串联电路，只要有一只装反，则整组灯就不会亮。

3）安装好后焊接灯板和电源，焊接温度控制在 240℃ 以内，时间不能超过 2s。焊好后修剪多出的引脚。因为灯杯空间有限，要将元器件整理紧凑一些，以减少体积，方便安装。

4）测试电流，满足要求后再给电源做好绝缘。

5）进行组装，用配好的 AB 胶涂在灯杯的边缘，把电源板和灯板装进去压几分钟即可。

练习与思考题

1. 工艺是将相应的_____、_____、_____等加工和装配成为产品或新的半成品的过程。工艺是人类在劳动过程中积累并经过总结的_____。

2. 印制电路板上用于焊接、形成焊点的铜箔，称为_____。

3. 试述手工制作 PCB 的方法有哪些。

4. 电气连接工艺中，一般有哪些连接技术？

5. 常见的机械连接方法有哪些？

项目7 电子产品小制作

【学习目标】

1）掌握自制电子产品的基本方法与技巧。
2）熟练掌握电子产品制作过程中元器件插装与焊接的方法。
3）会在面包板上搭接电子电路。
4）会使用万能板组装电子电路。
5）熟悉分析、排除电子电路简单故障的方法。

任务1 低频功率放大器的制作

【工作任务描述】

本任务要制作一个低频功率放大器，采用 LM358、LM386 集成运放芯片，外加电阻、电容等元器件调整、滤波，滑动变阻器实现音量可调，构成低频功率放大器。低频功率放大器主要用于推动扬声器发声。系统主要由前置放大电路和后级功率放大器电路构成。前置放大电路主要有集成芯片 LM358 构成；后级功率放大器电路主要由集成芯片 LM386 音频功率放大芯片构成；输入音频信号在 10mV/1kHz 时，输出功率 $P_0 \leq 1W$（负载：8Ω），输出音频信号无明显失真，输出功率大小可调。

【知识链接1】 低频功率放大器组成

1. 低频功率放大器的作用

功率放大器（Power Amplifier）简称"功放"，是指在给定失真率条件下，能产生最大功率输出以驱动某一负载（例如扬声器）的放大器。功率放大器在整个音响系统中起到了"组织、协调"的枢纽作用，在某种程度上决定着整个系统能否提供良好的音质输出。低频功率放大器顾名思义就是放大低频信号的功放。

2. 低频功率放大器的要求

功率放大器作为放大电路的输出级，具有以下几个特点和基本要求。

（1）能向负载输出足够大的不失真功率

由于功率放大器的主要任务是向负载提供不失真的信号功率，因此，功率放大器应有较高的功率增益，即应有较高的输出电压和较大的输出电流。

（2）有尽可能高的能量转换效率

功率放大器实质上是一个能量转换器，它将电源供给的直流能量转换成交流信号的能量输送给负载，因此，要求其转换效率高。

（3）尽可能小的非线性失真

由于输出信号幅度要求较大，功率放大器（晶体管）大都工作在饱和区与截止区的边沿，因此，要求功放管的极限参数 I_{Cm}、P_{Cm}、$V_{(BR)CEO}$ 等除应满足电路正常工作外还要留有一定裕量，以减小非线性失真。

（4）功放管散热性能要好

直流电源供给的功率除了一部分变成有用的信号功率以外，还有一部分通过功放管以热的形式散发出去（管耗），因此，降低结温是功率放大器要解决的一个重要问题。

3. 低频功率放大器的原理图

低频功率放大器工作原理框图如图 7-1 所示。

图 7-1　低频功率放大器工作原理图

低频功率放大器电路原理图如图 7-2 所示。系统采用直流单电源供电，输入的低频信号通过前置放大器放大，前置放大器的作用一是选择所需的音源信号，并放大到额定电压；二是进行音质控制，以美化声音。此次项目选取 LM358 作为前置放大器。音量的调节可以通过滑动变阻器实现。经前置的放大的信号由 LM386 构成功率放大器放大形成大功率信号，然后信号通过扬声器送出。末级功率放大器的技术指标决定了整个系统的性能优劣，好的功率放大器在前置放大器和末级功率放大器之间还有一级驱动放大器。

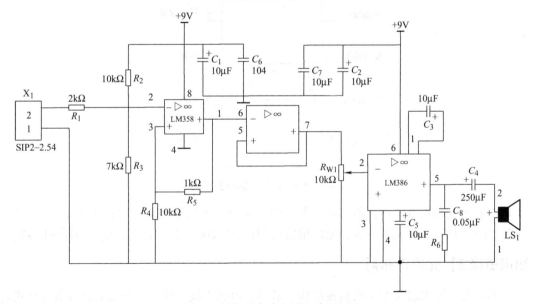

图 7-2　低频功率放大器电路原理图

【知识链接 2】芯片介绍

1. LM358 芯片简介

LM358 内部包括有两个独立的、高增益、内部频率补偿的双运算放大器，适用于电源电压范围很宽的单电源，也适用于双电源工作模式。在推荐的工作条件下，电源电流与电源电压无关。它主要应用在传感放大器、直流增益模块和其他所有可用单电源供电的使用运算放大器的场合。LM358 芯片的引脚排列如图 7-3 所示。

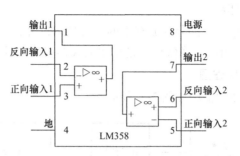

图 7-3　LM358 芯片的引脚排列

LM358 相关参数及描述：直流电压增益高（约 100dB）；单位增益频带宽（约 1MHz）；电源电压范围宽：单电源（3～30V）；输出电压摆幅大。

2. LM386 芯片简介

LM386 是专为低功耗电源所设计的功率放大器集成电路。它的内部增益为 20，通过 1 脚和 8 脚中间电容的搭配，增益最高可达 200。LM386 可使用电池为供应电源，输入电压范围为 4～12V，无动作时仅消耗 4mA 电流，且失真低。LM386 芯片的引脚排列如图 7-4 所示。

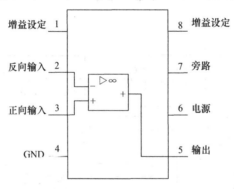

图 7-4　LM386 芯片的引脚排列

LM386 相关参数及描述：静态功耗低，约为 4mA；可用于电池供电；工作电压范围宽；4～12V or 5～18V 外围元器件少；电压增益可调；20～200；低失真度；输入电压 ±0.4V。

【知识链接 3】 元器件布局

元器件布局要求较多的是从机械结构、散热、电磁干扰、将来布线的方便性等方面进行综合考虑。元器件布局的一般原则是：先布置与机械尺寸有关的器件并锁定这些器件，然后是大的占位置的器件和电路的核心元器件，最后就是外围的元器件了。

电路板可以自制，对于复杂电路可以通过电子设计软件进行 PCB 设计；对于元器件较少的也可以手工安排元器件位置、绘制电路板；在实训的过程中还可使用万能板进行电路的制作。低频功率放大器 PCB 布板如图 7-5。

元器件布局如图 7-6。

低频功率放大器所用的元器件列表如表 7-1。

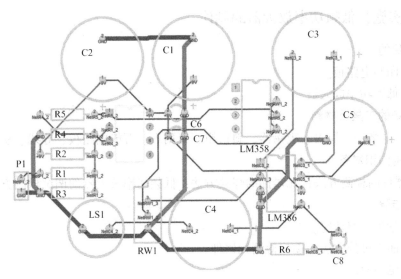

图 7-5 低频功率放大器 PCB 布板图

图 7-6 元器件布局图

表 7-1 低频功率放大器元器件列表

序号	元器件名称	规格	个数	序号	元器件名称	规格	个数
1	电阻器	5kΩ	1	8	电容器	10μF	4
2	电阻器	10kΩ	3	9	电容器	0.047μF	1
3	电阻器	10Ω	1	10	集成芯片	LM358	1
4	电阻器	2k1	1	11	集成芯片	LM386	1
5	电阻器	7kΩ	1	12	电位器	10kΩ	1
6	集成电容器	250μF	1	13	扬声器	8Ω	1
7	电容器	104（0.1μF）	2				

【工作任务实施】 低频功率放大器的制作

1. 任务目的

1) 设计印制电路板。

2) 制作低频功率放大器。

2. 需准备的工具及材料

元器件、电烙铁、焊锡、吸锡器、斜口钳、万用表、万能电路板、导线、稳压电源。

3. 实施前知识准备

相关元器件的检测方法；元器件的焊接方法；低频功率放大器的调试检测方法。

4. 实施步骤

1) 记录学生分组情况。

2) 用前面学过的方法，逐一检测元器件。

3) 制作电路板。

4) 将所有元器件分别插装到电路板上，并焊接。

5) 调试功率放大器。

任务2　直流稳压电源的制作

【工作任务描述】

电子设备一般都需要直流电源供电，除了少数直接利用干电池和直流发电机外，大多数设备是采用把交流电（市电）转变为直流电的直流稳压电源。特别是一些电子设备上运用的直流电都是低压电，而且在同一设备上直流电要求的大小也是不一样的。本任务就是制作直流稳压电源，将220V电压通过变压器降压，经过整流、滤波、稳压后获得稳定的直流输出。使之满足：当输入电压在220V交流时，输出直流电压为12V，并具有延时接通和短路保护功能。

【知识链接1】 直流稳压电源的组成框图

直流稳压电源的组成框图如图7-7所示。主要由电源变压器、整流电路、滤波电路、稳压电路等组成。

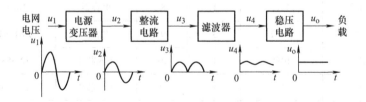

图7-7　直流稳压电源的组成框图

变压器的作用是将220V的交流电的幅值降低，变压器输出的还是交流电压。整流电路的作用是将交流电压转换为脉动的直流电压，此时脉动的直流电压含有较大的纹波。滤波电路把脉动的直流电压的波纹加以滤除，从而得到平滑的直流电压，但这样的电压还随着电网电压的波动、负载和温度的变化而变化。最后由稳压电路把输出的电压稳定在一个固定的值。当电网电压波动，负载和温度变化时，维持输出直流电压稳定。

【知识链接2】 直流稳压电源的工作原理

具有延时接通和短路保护功能的直流稳压电源电路如图7-8所示。与普通的稳压电源相比，多用了一只电阻 R 和一个继电器 K，可以防止大容量储能电容器在开始通电的瞬间产生很大的浪涌电流，造成熔丝熔断，甚至烧坏整流二极管或电源变压器线圈的危险。

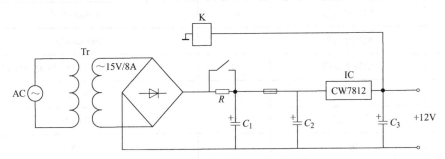

图7-8 具有延时接通和短路保护功能的直流稳压电源电路

电源接通后，经桥式整流器整流输出的脉动电压通过 R 对 C_1 缓慢充电。此时，稳压电源输出端还未有12V电源输出，继电器 K 无吸合电流，触点常开。充电时间常数 $\tau = RC_1 \approx 1.035\,\text{s}$ ；最大充电电流 $I_{max} = \dfrac{V_1}{R} = \dfrac{15\sqrt{2}\,\text{V}}{47\,\Omega} = 0.45\,\text{A}$ 。由于 I_{max} 较小，有效地限制了通电瞬间在变压器二次回路上产生的浪涌电流。

随着 C_1 充电电压的逐渐上升，数秒后，三端稳压电路 IC 输出12V直流电压。同时继电器吸合，接触点闭合，R 被短路，稳压电源进入正常工作状态。

当稳压电源输出短路时。输出电压下降，继电器释放，R 再次接入电路，使短路电流减小，起到输出短路保护的作用。

【知识链接3】 直流稳压电源电路的装配

图7-9是直流稳压电源装配图，由于此电路元器件较少，电路简单，电路板可以手工制作。按图安装元器件，C_1 为外接电容，C_1 的电容量可根据延时时间选用。IC（W7812）必须安装散热板。

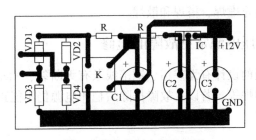

图7-9 直流稳压电源装配图

变压器可外接，也可安装在印制电路板上，此时电路板尺寸应相应放大些。此电路也可以在万能板上进行安装、焊接。

直流稳压电源所用的元器件如表7-2所示。

表7-2　元器件列表

序号	元器件名称	符号	参数
1	电阻器	R	$47\Omega/5W$
2	电解电容器	C_1	$2200\mu F/25V$
3	电解电容器	C_2	$100\mu F/25V$
4	电解电容器	C_3	$1000\mu F/25V$
5	全桥整流器	B	BYW64 或 4 只 10A 25V 的整流管
6	三端稳压电路	IC	W7812
7	继电器	K	10A 12V
8	熔丝	F	5A
9	交流变压器	Tr	一次电压：220V
10			二次电压：18V 8A

对直流稳压电源的装配工艺按如下要求。

1）电阻、二极管均采用水平安装，贴紧印制电路板。电阻的色环方向应该一致。

2）电解电容器尽量插到底，元器件底面离印制板最高不能大于4mm。

3）微调电位器尽量插到底，不能倾斜，三只脚均需焊接。

4）扳手开关用配套螺母安装，开关体在印制电路板的导线面，扳手在元器件面。

5）集成电路、继电器、轻触式按钮开关底面与印制电路板贴紧。

6）电源变压器用螺钉紧固在印制电路板上，螺母均放在导线面，伸长的螺钉用作支撑。靠印制电路板的一只紧固螺母下垫入接线片，用于固定220V电源线。变压器二次绕组向内，引线焊在印制电路板上。变压器一次绕组向外，接电源线。引出线和电源线接头焊接后，需用绝缘胶布包妥，绝不允许露出线头。

7）插件装配应美观、均匀、端正、整齐、不能歪斜、高矮有序。

8）所有插入焊片孔的元器件引线及导线均采用直脚焊，剪脚留头在焊面以上 1 ± 0.5mm，焊点要求圆滑、光亮，防止虚焊、搭焊和散焊。

【知识链接4】 直流稳压电源常见故障的检修

首先检查印制电路板的设计有无差错、铜箔线条有无断裂、元器件选用正确与否、安装极性是否正确以及有无虚焊等。若以上故障排除后稳压电源仍不能正常工作，可按表7-3所示检查修理。

表 7-3　主要元器件与稳压器故障现象对照表

元器件状态	故障现象	元器件状态	故障现象
整流二极管一只或一组损坏	无负载时，输出正常；有额定负载时，输出电压跌落	C_1、C_2、C_3 电容器容量不足或漏电	输出电压低或无输出电压，纹波系数大
整流二极管两组全坏	无输出电压	C_1、C_2、C_3 中任一只电容击穿	无输出电压
交流变压器 Tr 一次或二次开路	无输出电压	继电器 K 短路	无输出电压
		IC 内部击穿短路	输出电压高或电压低且不可调
交流变压器 Tr 初级局部短路	输出电压降低且 Tr 发烫	IC 内部断路	无输出电压或电压高不可调

【工作任务实施】 制作直流稳压电源

1. 任务目的

1）熟悉直流稳压电源的作用、组成及原理。

2）熟悉设计、手工制作印制电路板的方法。

3）制作直流稳压电源。

2. 需准备的工具及材料

电烙铁、镊子、尖嘴钳各一只，敷铜板一块，清漆一瓶、细毛笔一支、香蕉水一瓶，焊锡若干，电路图一份。

3. 实施前知识准备

相关元器件的检测方法；元器件的焊接方法；直流稳压电源的检测方法。

4. 实施步骤

1）记录分组情况。

2）逐一检测所有元器件。

3）用前面讲过的涂漆法手工制作印制电路板。

4）将处理后的元器件插装，并焊接到电路板上。

5）调试直流稳压电源。

任务3　声光控节电灯的制作

【工作任务描述】

在生活中，我们无时不在使用着灯，诸如台灯、路灯、日光灯、探照灯、彩灯等。不管是什么样式的灯，它们的作用都是照明。随着节能环保理念的深入人心，既实用方便，又节能环保的灯越来越受到人们的欢迎。本任务学习制作一款简单实用而又节能环保的声光控灯电路。白天光照好，不管过路者发出多大声音，都不会使灯泡发亮。夜晚光线暗，电路的拾音器只要检测到声音，就会自动亮起，提供照明，延时33s后又自动熄灭，既方便又节电。

【知识链接1】 声光控节能灯电路的组成

如图7-10为声光控节能灯电路原理图，它由拾音电路、放大电路、声控电路、光控电路、逻辑电平反转及触发电路、延时电路及电源电路等部分组成。其中运算放大器 LM324 是整个电路的核心部分，其中的 A_1 和 A_2 组成了两级同相比例放大器，作用是将拾音器（MIC）输出的微弱信号进行放大，A_3、A_4 是两个电压比较器，分别控制光信号和声音信号。最后通过 A_4 的比较输出来控制晶闸管的导通，进而控制灯的亮灭。

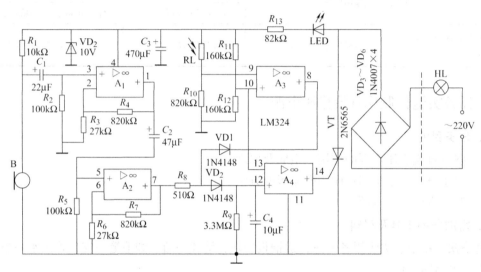

图7-10　声光控节能灯电路组成

1. 主电路

由 $VD_3 \sim VD_6$、晶闸管 VT、白炽灯 HL 组成。晶闸管 VT 是开关执行元器件，当 VT 被触发导通后，电路接通，灯泡发光；当 VT 的门极上没触发信号时，晶闸管 VT 正向阻断，电路呈关断状态。

2. 电源电路

4 个二极管 $VD_3 \sim VD_6$ 组成桥式整流电路，电容器 C_3 是滤波电容，稳压管 VD_z 起稳压作用，发光二极管是电源指示。

3. 光控电路

由运算放大器 A_3、R_{11}、R_{12}、R_{10}、光敏电阻 R_L 组成。

1）当白天光比较强的时候，光敏电阻的阻值较小，运放 A_3 组成的比较器的 9 脚（反向端）的电位升高，高于其基准电压（比较器的 10 脚），此时比较器输出低电平，二极管 VD_1 截止，光控电路输出的信号被封锁，此时无论有无声音信号，晶闸管都不会导通，灯都不会亮。

2）当夜晚光比较弱的时候，光敏电阻的阻值增大，运放 A_3 组成的比较器的 9 脚（反向端）的电位降低，低于其基准电压（比较器的 10 脚），此时比较器输出高电平，二极管 VD_1 导通，光控电路输出的信号被送到运放 A_4 的输入端，此时晶闸管的导通情况完全由声控电路决定。当有声音信号时，声音信号通过前面的两级放大，送到 A_4 的输入端进行比较放大，输出高电低平，控制晶闸管的导通，进而控制灯的亮和灭。

4. 声控电路

声控电路由传声器 B、R_1、C_1、A_1、A_2、R_2、R_3、R_4、R_5、R_6、R_7组成。它是由拾音电路及放大电路两部分组成。其中，传声器 B 和电阻 R_1 组成拾音电路。两级运算放大器及外围电阻组成了两级放大电路。每一级放大电路都是同向比例放大电路，对传声器输出的信号进行放大，确保能够触发晶闸管导通。

5. 逻辑电平反转及触发电路

逻辑电平反转及触发电路主要由电压比较器 A_4、二极管 VD_2、R_{11}、R_{12}、R_9、C_4、晶闸管 VT 等组成。当白天或光线很亮时，光控电路输出为低电平，二极管 VD_1 导通，使二极管 VD_2 截止，此时声控电路输出信号被隔离，运算 A_4 组成的电压比较器输出为低电平，晶闸管的门极没有触发信号，所以晶闸管 VT 不导通，灯不亮。

6. 延时电路

由 C_4、R_9、VD_2 组成。结合声控电路及主电路分析。当晶闸管 VT 被触发导通时，C_3上的电压降低，传声器 B 拾音灵敏度降低，输出信号变得很微弱，经过放大后信号也很小，二极管 VD_1 截止，起到隔离作用，C_4 上的电压仍维持使电压比较器的 12 脚（同相端）的输入不变，从而晶闸管的导通状态不变。同时 C_3 上的电压通过 R_9 放电，直至 C_4 上的电压降低到小于电压比较器反相端电压后，电压比较器输出为低电平，晶闸管在交流电的负相时被关断，灯灭。其中电容器的放电时间就是灯亮的时间，也就是延时时间。当夜晚或光线很暗时，光控电路输出为高电平，二极管 VD_1 截止，此时电压比较器 A_4 的同相端信号完全取决于运放 A_2 的输出状态，也就是由声控电路决定。当有声音输入时，运放 A_2 的 7 脚输出高电平，通过电压比较器 A_4 的电平转换，输出高电平，晶闸管的门极有触发信号，所以晶闸管 VT 导通，灯亮。

【知识链接2】 声光控节能灯电路的工作原理

电路中的主要元器件是使用了集成运放 LM324，使电路结构简单，工作可靠性高。

"声控"顾名思义，就是用声音来控制开关的"开启"，若干分钟后延时开关"自动关闭"。因此，整个电路的功能就是将声音信号处理后，变为电子开关的开动作。明确了电路的信号流程方向后，即可依据主要元器件将电路划分为若干个单元。

1）电源电路：$VD_3 \sim VD_6$、R_{13}、VS、C_3 构成电源电路。由 $VD_3 \sim VD_6$ 组成桥式整流，再经过 C_3 滤波，最后经过稳压管 VD_z 稳压，给控制电路提供 10V 直流电压。

2）控制电路：由集成运放 LM324 等元器件组成。

3）声电转换器：MIC 将声音转换成电信号、光敏电阻 R_L 受光线控制改变其阻值的大小（光强电阻变小）。

4）延时电路：C_4、R_9 组成亮灯延时电路，时间常数 $\tau = R_9 C_4$。

声音信号（脚步声、掌声等）由驻极体传声器 B 接收并转换成电信号，经 C_1 耦合到集成运放 A_1、A_2、A_4 进行多级电压放大，放大后的信号由集成运放 A_4 的 14 脚输出，控制晶闸管的导通，从而控制灯通电回路。

为了使声光控开关在白天开关断开，即灯不亮，由光敏电阻 R_L 等元器件组成光控电路，R_{10}、R_{11}、R_{12} 及 A_3 组成比较放大电路。夜晚环境无光时，光敏电阻的阻值很大，R_L 两端的电压高，集成运放的 8 脚输出低电平。二极管 VD_1 导通，VD_2 截止，集成运放的 14 脚输出高电平脉冲，使晶闸管导通，电子开关闭合，灯亮。

C_4充满电后只向 R_9 放电，当放电到一定电平时，A_4 又输出低电平脉冲，使晶闸管导通，电子开关闭合，灯灭。完成一次完整的电子开关由开到关的过程。

【知识链接3】 元器件的识别与检测

1. 驻极体传声器性能检测

驻极体传声器的简单检测可用表7-4所示的方法进行。

表7-4　驻极体传声器检测方法

类型	示意图	说明
二端式		万用表负表笔接传声器的 D 端，正表笔接传声器的接地端，如左图所示，这时用嘴向传声器吹气，万用表表针应有指示。同类型传声器比较，指示范围越大，说明该传声器灵敏度越高，如果无指示，则说明该传声器有问题
三端式		万用表负表笔接传声器的 D 端，正表笔同时接传声器的 S 端和接地端，如左图所示，然后按与上述相同方法吹气检测

2. 运算放大器的检测

运算放大器的功能强大，广泛应用于模拟电路的各个领域。虽然它品种繁多，但其内部结构基本相同。通俗地讲，运算放大器就是一种高放大倍数的直流放大器。用万用表测试集成电路的好坏时，主要可用以下两种方法。

（1）电压法

在通电的状态下，测一下各引脚对接地脚的电压，然后与正确电压值进行比较。LM324引脚功能及参考电压如表7-5所示。

表7-5　LM324 引脚功能及参考电压

引脚号	引脚功能	电压/V	引脚号	引脚功能	电压/V
1	输出　（1）	3	8	输出　（3）	2
2	反输入（1）	2.7	9	反输入（3）	2.4
3	正输入（1）	2.8	10	正输入（3）	2.8
4	电源	5.1	11	地	0
5	正输入（2）	2.8	12	正输入（4）	2.8
6	反输入（2）	1	13	反输入（4）	2.2
7	输出　（2）	3	14	输出　（4）	3

（2）测试比较法

集成运算放大器置于开环状态下，将两输入端分别接地，若 U_0 分别为正负饱和值，即开环过零，则可认为此运算放大器是好的。

集成运算放大器 LM324 常见故障如表 7-6 所示。遇到问题时可以查阅，对照表找出实际问题。

表7-6　集成运算放大器 LM324 常见故障

故障名称	故障现象	故障原因
无输出	有输入信号，但 6 脚无输出信号	① 7 脚和 4 脚无电源电压 ② 集成电路损坏
不能调零	调整 RW，6 脚无反应	① 集成电路损坏 ② 电位器焊点脱焊 ③ 关掉电路，重新开机，电路若能恢复正常，则说明为"堵塞"现象，其原因是输入信号太大
自激振荡	电路自激时，将输入信号调整为零也没有信号输出。使用示波器在 6 脚可观察到交流信号波形	① 接 8 脚和 9 脚的校正电路脱焊或损坏 ② 外部电路反馈极性错误或反馈过深 ③ 电源去耦不良

3. 晶闸管的识别与检测

晶闸管分单向晶闸管和双向晶闸管两种，都是三个电极。单向晶闸管有阴极（K）、阳极（A）、控制极（G）。双向晶闸管等效于两只单向晶闸管反向并联而成。即其中一只单向硅阳极与另一只阴极相边连，其引出端称 T_2 极，其中一只单向硅阴极与另一只阳极相连，其引出端称为 T_2 极，剩下则为控制极（G）。

（1）单、双向晶闸管的判别

先任测两个极，若正、反测指针均不动（$R \times 1$ 档），可能是 A、K 或 G、A 极（对单向晶闸管）也可能是 T_2、T_1 或 T_2、G 极（对双向晶闸管）。若其中有一次测量指示为几十至几百欧，则必为单向晶闸管。且红笔所接为 K 极，黑笔接的为 G 极，剩下即为 A 极。若正、反向测批示均为几十至几百欧，则必为双向晶闸管。再将旋钮拨至 $R \times 1$ 或 $R \times 10$ 档复测，其中必有一次阻值稍大，则稍大的一次红笔接的为 G 极，黑笔所接为 T_1 极，余下是 T_2 极。

（2）单向晶闸管

1）电极识别。用万用表 $R \times 1$ 档测量 3 个引脚之间的正反向电阻，其中有一次电阻值较小，此时黑表表连接的是门极，红表笔接的是阴极，余下的就是阳极。

2）质量判别。用万用表 $R \times 1$ 档，红笔接 K 极（阴极），黑笔接阳极，电阻值应为无穷大，然后再两表笔保持连接状态下，黑表笔同时碰触一下门极后立即断开，阻值变得较小。且维持不变，表示被测管的触发维持特性基本正常。然后瞬时断开 A 极再接通，指针应退回 ∞ 位置，则表明晶闸管良好。

（3）双向晶闸管

1）电极识别。

一般双向晶闸管的第一电极 T_1 靠近门极 G，而距离第二电极较远。因此 T_1 – G 之间的正反向电阻都很小。可用万用表的 $R \times 1$ 档测量 3 个引脚间的正、反向电阻，其中有两次阻值较小，则被测得两个电极是第一电极 T_1 和门极 G，余下的那个引脚就是第二电极 T_2。

确定了第二电极后，假设余下的两个引脚分别为第一电极 T_1 和门极 G，黑笔同时接 G、

T_2 极，在保证黑笔不脱离 T_2 极的前提下断开 G 极，用万用表 $R \times 1$ 档，把黑表笔接假设的 T_1，红表笔接假设的第二电极 T_2，电阻为无穷大。接着用红表笔使第二电极 T_2 与门极 G 短路，阻值变小，再将红表笔与 G 脱开后，若阻值不变，说明假设正确，从而区分 T_1 与 G。

2）质量判别：用表的 $R \times 1$ 档，将红表笔接第一电极 T_1，黑表笔接第二电极 T_2，电阻应为无穷大，然后再两表笔保持连接的状态下，黑表笔同时碰触一下门极 G 后立即断开，电阻值应变为较小，且维持不变；再将红表笔接第二电极 T_2，黑表笔接第一电极 T_1，电阻应为无穷大，然后在两表笔保持不变的状态下，红表笔同时碰触一下门极 G 后立即断开，电阻值应变为较小，且维持不变。这说明被测管双向触发维持特性基本正常。否则，可能已经损坏。

【知识链接4】 声光控节能电路的装配

此电路元器件较多，可以在面包板上搭接测试电路，也可以在万能板上进行焊接电路。有兴趣的同学可以自行设计、制作印制电路板。

1. 按电路原理图布局

制作电路必须按照电路原理图、元器件的外形尺寸和封装形式在万能板上均匀布局，避免安装时相互影响，应做到使元器件排列疏密均匀；电路走向基本与电路原理图一致，一般由输入端开始向输出端"一字形排列"逐步确定元器件的位置，互相连接的元器件应就近安放；每个安装孔只能插入一个元器件引脚，元器件水平或垂直放置，不能斜放。大多数情况下，元器件都要水平安装在电路板的同一个面上。

2. 按电路原理图的连接关系布线

布线应横平竖直，转角成直角，导线不能相互交叉，确需交叉的导线应在元器件下穿过。

3. 元器件的装配工艺要求

电阻器采用水平安装方式，电阻体紧贴电路板，色环电阻的色环标志顺序方向一致。电容器采用垂直安装方式，电容器底部离开电路板 5mm，注意正负极性。发光驻极体传声器采用直立式安装，底面离电路板 6mm 左右。

声光控节能灯的配套元器件及材料如表 7-7 所示。

表 7-7　元器件列表

序号	标号	名称	型号或规格	数量
1	C_1	电解电容器	$22 \mu F$	1
2	C_2	电解电容器	$47 \mu F$	1
3	C_3	电解电容器	$470 \mu F$	1
4	C_4	电解电容器	$10 \mu F$	1
5	R_1	电阻器	$10 k\Omega$	1
6	R_2、R_5	电阻器	$100 k\Omega$	2
7	R_3、R_6	电阻器	$27 k\Omega$	2
8	R_4、R_7、R_{10}	电阻器	$820 k\Omega$	3

序号	标号	名称	型号或规格	数量
9	R_8	电阻器	510Ω	1
10	R_9	电阻器	3.3M	1
11	R_{11}、R_{12}	电阻器	160kΩ	2
12	R_{13}	电阻器	82kΩ	1
13	LED	发光二极管	红色	1
14	VT	单向晶闸管	2N6565	1
15	VS	稳压二极管	10V	1
16	$VD_3 \sim VD_6$	整流二极管	IN4007	4
17	MIC	驻极体传声器		1
18	IC	LM324		1
19	HL	白炽灯		1

【知识链接5】 声光控节能灯的调试

1. 断电检查电路的通断

接通电源前，用万用表检测电路是否接通，对照电路图，从左向右，从上到下，逐个元器件进行检测。

（1）检测所有接地的引脚是否真正接到电源的负极

选择万用表的欧姆档的 $R \times 1k$（或 $R \times 100$）档，用万用表的一个表笔接电路的公共接地端（电源的负极），另一个表笔接元器件的接地端，如果万用表的指针偏转很大，接近 0 欧姆位置（刻度右边），则说明接通，如果表指针不动或偏转较小，则说明该元器件的接地端子没有和电源的负极接通。

（2）检测所有接电源的引脚是否真正接到电源的正极

选择万用表的欧姆档的 $R \times 1k$（或 $R \times 100$）档，用万用表的一个表笔接电源的正极，另一个表笔接元件需接电源的端子，如果万用表的指针偏转很大，接近 0 欧姆位置（刻度右边），则说明接通，如果表指针不动或偏转较小，则说明没有和电源的正极接通。

（3）检测相互连接的元器件之间是否真正接通

选择万用表的欧姆档的 $R \times 1k$（或 $R \times 100$）档，用万用表的一个表笔接元器件的一端，另一个表笔接和它相连的另一个元器件的端子，如果万用表的指针偏转很大，接近 0 欧姆位置（刻度右边），则说明接通，如果表指针不动或偏转较小，则说明没有接通。

2. 通电调试声光控节能电路

一般情况下，电路只要元器件完好，装配无误，通电以后就能工作，如果电路工作不正常，则应通过测量得到的电压和电流值来分析，判断是集成电路的故障还是外围元器件的问题。通常情况下，集成电路引脚的电压值有一点离散，但很小。如果偏离很大，应先检查引脚外围元器件是否良好，最后才能确定集成电路的好坏。

【工作任务实施】 制作声光控节能灯

1. 任务目的

1）练习用面包板或万能板进行元器件布局。

2）在面包上进行电路连线或在万能板上焊接电路。

3）体会声光控节能灯电路的组成及原理。

2. 需准备的工具及材料

面包板一块，连接导线若干，电烙铁、镊子、尖嘴钳各一只，9cm×15cm 万能板一块，跳线若干，电路图一份。

3. 实施前知识准备

相关元器件的检测方法；元器件的焊接方法；成品电路的检测方法。

4. 实施步骤

1）记录分组情况。

2）分别检测元器件。

3）安装电路板上的元器件。

4）焊接元器件或接线。

5）调试声光控节能灯电路。

任务 4　台灯调光电路的制作

【工作任务描述】

调光电路应用非常广泛，市售台灯一般都采用电子式的调光电路，有的高档台灯能实现无级调光，普通台灯则是有级调光。本任务来制作一个利用晶闸管和单结晶体管控制的台灯调光电路。

【知识链接1】 台灯调光电路的组成及工作原理

图 7-11 为台灯调光电路，可调节白炽灯两端电压在几十伏到 220V 范围内变化，调光作用显著。电路由 VT、R_2、R_3、R_4、RP、C 组成结型场效应晶体管的张弛振荡器。在接通电源前，电容 C 上电压为零，接通电源后，电源经由 R_4、RP 向电容 C 充电使结型场效应晶体管 VT 上的电压 Ve 逐渐升高。当 Ve 达到峰点电压时，$e-b_1$ 结导通，电容上电压经 $e-b_1$ 向电阻 R_3 放电，在 R_3 上输出一个脉冲电压。由于 R_4、RP 的阻值较大（阻值大，充放电时间长，保证脉冲宽度），当电容上的电压降到谷点电压时，经由 R_4、RP 供给的电流小于谷点电流，不能满足导通要求，于是单结晶体管恢复到阻断状态。此后，电容又重新充电，重复上述过程，结果在电容上形成锯齿状电压，在 R_3 上则形成脉冲电压。在交流电的每半个周期内，场效应晶体管都将输出一组脉冲波，起作用的第一个脉冲去触发晶闸管 VS 的门极，使晶闸管导通，白炽灯发光。改变 RP 的阻值，可以改变电容充电的快慢，即改变锯齿波的振荡频率。改变晶闸管 VS 的导通角的大小，即改变了可控整流电路的直流平均输出电压，达到调节白炽灯亮度的目的。

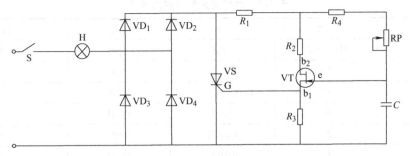

图 7-11　台灯调光电路

【知识链接2】 台灯调光电路的装配、调试与检测

1. 装配

按装配图 7-12（印制板尺寸 130mm×50mm）正确安装各元器件。带开关电位器用螺母固定在印制电路板 S 开关的孔上，电位器用导线连接到印制电路板上的所在位置。白炽灯安装在灯头插座上，灯头插座固定在印制电路板上。根据灯头插座的尺寸在印制电路板上钻固定孔和导线串接孔。若在白炽灯位置上改接一个两洞电源插座，就成为一个输出功率为200W 以下的晶闸管调压器，可用作其他家电的调压装置。散热片上钻孔，安装在晶闸管上，起散热作用。印制电路板四周用 4 个螺母固定、支撑。由于此电路的元器件很少，同学们也可以自己手工制作电路板。

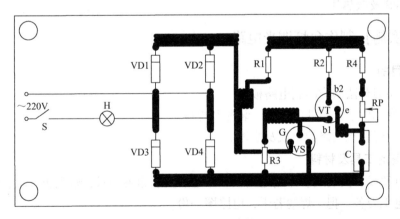

图 7-12　台灯调光电路装配图

2. 调试与检测

由于电路直接与市电相连，调试时应注意安全，防止触电。调试前认真、仔细检查各元器件安装情况，最后接上白炽灯，进行调试（不接白炽灯，电路不工作）。插上电源插头，人体各部分远离印制电路板，打开开关，旋转电位器，白炽灯应逐渐变亮。

要求电子产品的焊点大小适中，无漏、假、虚、连焊，焊点光滑、圆润、干净、无毛刺；引脚加工尺寸及成形符合工艺要求；导线长度、剥头长度符合工艺要求，芯线完好，捻头镀锡。台灯调光电路的元器件见表7-8。

表 7-8　台灯调光电路的元器件

序号	符号	名称	型号	数量
1	$VD_1 \sim VD_4$	二极管	1N4007	4
2	VS	晶闸管	3CT	1
3	VT	场效应晶体管	BT33	1
4	R_1	电阻器	51kΩ	1
5	R_2	电阻器	300Ω	1
6	R_3	电阻器	100Ω	1
7	R_4	电阻器	18kΩ	1
8	RP	带开关电位器	470kΩ	1
9	C	涤纶电容器	0.022μF	1
10	H	白炽灯	220V 25W	1

3. 常见故障分析

若由 BT33 组成的场效应晶体管张弛振荡器停振，则可能造成白炽灯不亮，白炽灯不可调光。造成停振的原因可能是场效应晶体管或电容器等损坏。

发现电位器顺时针旋转时，白炽灯逐渐变暗。可能是电位器中心抽头接错位置所造成。

当调节电位器到最小值时，突然发现白炽灯熄灭，则应适当增大电阻 R_4 的阻值。调压器的输出功率主要由整流二极管 $VD_1 \sim VD_4$ 和晶闸管 VS 决定，要提高输出功率，应更换 $VD_1 \sim VD_4$、VS 及散热片。

【工作任务实施】制作台灯调光电路

1. 任务目的

1）练习用刀刻法制作印制电路板。

2）练习常用电子元器件的检测、装配及焊接。

3）理解台灯调光电路的组成及原理。

2. 需准备的工具及材料

灯座、电源线、安装线、印制电路板、镊子、尖嘴钳各一只，敷铜板一块，电烙铁、钢锯、手钻、电工刀各一把、焊锡若干，电路图一份。

3. 实施前知识准备

刀刻法制作印制电路板；相关元器件的检测方法；元器件的焊接方法；成品电路的检测方法及故障排除方法。

4. 实施步骤

1）记录分组情况。

2）逐一检测所有元器件。

3）刀刻法制作印制电路板。

4）安装并焊接所有元器件。

5）调试电路。

任务 5　防盗报警器的制作

【工作任务描述】

　　防盗报警器的执行电路可用两种报警方式:一种是常开报警按钮开关报警方式,主要用于防盗现场有人时的报警;另一种是断线报警方式,主要用于防盗报警现场无人时的报警。通过上述两种报警方式控制防盗报警器的电路工作,实现声光报警。此防盗报警器电路结构简单,容易制作,还兼顾有人及无人在现场时的报警功能,扩大了报警器的应用范围。由于其成品体积较小,便于携带,也可用于外出旅行时行李的防盗报警。

【知识链接1】报警电路的工作原理

　　防盗报警器的具体电路原理图如图7-13所示。按钮开关 S_1 和负载电阻器 R_9 组成常开按钮报警开关,晶体管 VT_1 和 VT_2 组成触发电压鉴别电路,晶体管 VT_2、VT_3、负载电阻器 R_5 以及常开按钮开关 S_2 组成自锁电路,晶体管 VT_4 作为驱动管带动蜂鸣器及发光二极管工作。

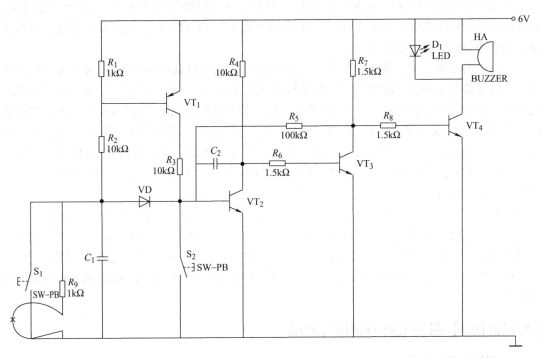

图7-13　防盗报警器电路原理图

　　在正常状态下,常开报警按钮开关 S_1 断开,负载电阻器 R_1、R_2 与常开报警按钮开关 S_1 内的负载电阻器 R_9 分压,使晶体管 VT_1 的基极电压大于5.4V,二极管 VD 的正极电压小于1V,晶体管 VT_2 基极电压不到0.6V,这样二极管 VD 和两只晶体管 VT_1、VT_2 都截止。同时,由于负载电阻器 R_4、R_6 的分压作用,晶体管 VT_3 的基极电压大于0.6V。而且,由于晶体管 VT_2 截止,所以 R_5 中无电流通过,故而 VT_3 的集电极电压接近0V,因此晶体管 VT_3 工作在饱和导通状态。而晶体管 VT_4 由于基极电压较小，因此工作在截止状态，则蜂鸣器与发光二极管不工作。

当按下常开报警按钮开关 S_1 时，由于报警开关内的负载电阻器 R_9 被短路，致使 R_9 不能产生分压作用，所以二极管 VD 的阳极电压接近 0V，二极管 VD 截止。同时，由于负载电阻器 R_1、R_2 的分压作用，晶体管 VT_1 的基极电压下降，晶体管 VT_1 导通，并通过负载电阻器 R_3 为晶体管 VT_2 提供了基极电流，晶体管 VT_2 导通。此时，晶体管 VT_2 与电阻器 R_5 构成回路，由于负载电阻器 R_5、R_7 分压的作用，所以晶体管 VT_3 的集电极电压为高电压，晶体管 VT_3 截止。同时晶体管 VT_4 的基极电压升高，晶体管 VT_4 导通，并带动蜂鸣器鸣叫，发光二极管导通并发光，系统发出声光报警。

漆包线与负载电阻器 R_9 和地相连。正常状态下，由于负载电阻器 R_9 的分压作用，二极管 VD、晶体管 VT_1、VT_2 都截止，报警系统不工作。当漆包线被扯断时，负载电阻器 R_9 不能产生分压作用，晶体二极管 VD 的阳极电压升高，接近 6V，二极管 VD 导通。同时，晶体二极管 VD 导通后为晶体管 VT_2 提供基极电流，则晶体管 VT_2 导通。由于负载电阻器 R_5 的作用，晶体管 VT_3 截止，晶体管 VT_4 的基极电压升高，则 VT_4 导通，系统也发出声光报警。

电路中的晶体管 VT_1 和 VT_2 还构成了电压触发鉴别电路。正常状态下，组成触发电压鉴别电路的两只晶体管 VT_1 和 VT_2 均截止。当按下常开报警按钮开关 S_1 或扯断漆包线时，报警传感部分输出端电压发生变化，从而使晶体管 VT_1 和 VT_2 工作状态发生变化，进而控制自锁电路与报警执行电路工作。

电路中的晶体管 VT_2 和 VT_3 还构成了自锁电路，这里负载电阻器 R_5 的接法起了决定作用。一旦系统发生报警，晶体管 VT_2 的基极电压大于 0.6V，晶体管 VT_2 导通，并与负载电阻器 R_5 在电路中构成回路。当一次报警后，常开报警按钮开关 S_1 又恢复断开状态，二极管 VD、晶体管 VT_1 又处于截止状态。但晶体管 VT_3 的集电极通过负载电阻器 R_7 与电源正极相连，集电极仍为高电压，晶体管 VT_3 仍然截止。同时，通过负载电阻器 R_5 可以维持晶体管 VT_2 的基极电压，使晶体管 VT_2、VT_4 保持在导通状态，故即使不再按下常开报警开关 S_1 也能使防盗报警器继续工作，达到自锁目的。若要解除报警状态，只有按下复位开关 S_2，此时晶体管 VT_2 基极直接接地，则其基极电压为零，晶体管 VT_2 截止。同时晶体管 VT_3 饱和导通，其集电极电压降低，晶体管 VT_4 截止，报警器停止报警。所以自锁电路也是报警器不可缺少的部分。C_1 容量为 220μF，C_2 容量为 10μF，C_1、C_2 均为电解电容器；VD 为 IN148；VT_1、VT_2 选用 U850 或 D850 达林顿晶体管；VT_3 和 VT_4 选用 S8050 或 C8050NPN 型晶体管。

【知识链接 2】 报警电路的制作与调试

1. 报警电路的制作

先用 Protel 画出电路原理图及电路板焊接图，然后根据 PCB 焊接图进行焊接。在焊接时，由于电路板上大部分电阻器的安装孔较小，所以大部分电阻器选择立式安装焊接。焊接二极管、晶体管时要认清其焊脚，晶体管 VT_1 ~ VT_3 的放大倍数可以小一些，VT_4 的放大倍数应尽量大，小型蜂鸣器、电解电容器、发光二极管焊接时要特别注意其正负极不能接反。报警传感部分可以作为一个独立的电路模块焊接在另一块电路板上，并用导线连接在防盗报警器控制电路及报警执行电路的电路板上，以便根据实际情况安置防盗报警器。按钮开关

S_2 是复位开关，要用导线连接焊接在电路板上。最后焊接电源线。同时，焊接过程中应注意，不能使电路短路或断路，避免最终电路不能出现预期的效果。也不能出现虚焊的情况，否则电路不能正常运行。

2. 调试

电路焊好后检查无误就可以通电进行调试。调试之前，应确保电路的复位开关 S_2 以及常开报警按钮开关 S_1 处于断开状态。然后接通电源，按下常开报警按钮开关 S_1，电路导通后蜂鸣器开始鸣叫，发光二极管发出光信号，报警系统进入报警工作状态。这时需要按下复位开关 S_2，蜂鸣器即可停止鸣叫，发光二极管熄灭。当用导线短路一下 1kΩ 的负载电阻器 R_9 时，蜂鸣器仍然鸣叫，发光二极管发光。只有按下复位开关 S_2，报警器才会停止声光报警。如果去掉 1kΩ 的负载电阻器 R_9，报警系统电路同样也会发出声光报警。

随后对断线报警方式进行调试。正常状态下，防盗报警器不工作。然后切断导线（相当于漆包线被扯断），发光二极管发光，蜂鸣器鸣叫，系统发出声光报警。此时，按下复位开关 S_2，报警系统仍然处于报警工作做状态。重新连接被切断的导线，报警器的工作状态仍然没有改变。这时按下复位开关 S_2，蜂鸣器停止鸣叫，发光二极管熄灭，报警系统终止声光报警。

经过调试可发现，负载电阻器 R_9 阻值过大或过小都会引起报警器工作。因此可用一电位器代替负载电阻器 R_9，经过调解电位器可发现，当 2kΩ < 负载电阻器 R_9 或 R_9 < 400Ω 时电路都要报警。

【工作任务实施】 制作防盗报警电路

1. 任务目的

1）熟练掌握检测、装配、焊接元器件的方法。

2）理解防盗报警电路的组成及原理。

2. 需准备的工具及材料

电烙铁、镊子、尖嘴钳各一只，敷铜板一块，清漆（或磁漆）一瓶、细毛笔一支、香蕉水一瓶，焊锡若干，电路图一份。

3. 实施前知识准备

相关元器件的检测方法；元器件的焊接方法；成品电路的检测方法及故障排除方法。

4. 实施步骤

1）记录分组情况。

2）逐一检测所有元器件。

3）安装并焊接元器件。

4）调试电路。

任务6 计数译码显示电路的制作

【工作任务描述】

生产或生活中的计数译码显示电路应用非常广泛，其电路实现方法也有多种，最常见的方法是采用通用的数字集成逻辑电路来实现。本任务介绍一种采用 3 块 CMOS 数字集成电路构成的一位可编程序控制定时报警电路，它具有定时、计数、译码显示和报警等功能，是数字电子技术的综合应用电路，如果适当扩展就能有更加实用的价值。电路简单直观、易于操作，便于装接制作。

【知识链接1】 计数译码显示电路的组成

计数译码显示电路如图 7-14 所示。电路由计数器（4029）、BCD 七段译码器（4543）、数码显示器、时基脉冲发生器（4011）、报警电路（4011）和预置编码等 6 个单元电路构成。该电路中使用的四位可预置二进制/十进制可逆计数器 4029，BCD 锁存七段译码驱动器 4543，与非门 4011 的引脚功能请参阅相关手册或通过互联网查询。

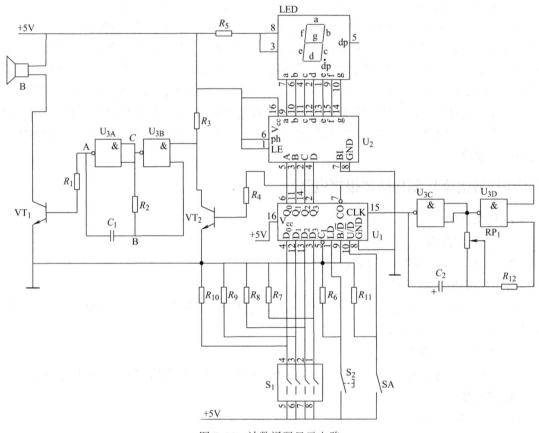

图 7-14　计数译码显示电路

【知识链接2】 计数译码显示电路的工作原理

1. 定时与计时译码显示电路

由 U_3C、U_3D，可变电阻器 RP_1、R_{12}，电容器 C_2 构成的可控多谐振荡器，产生一个频率为 1/3Hz（频率大小根据需要可调整 RP_1 的阻值）的脉冲信号，加到 U_1 的时钟脉冲端，达到定时触发的目的。U_1 构成 BCD 码加/减计数器，开关 SA 合上为加计数，断开为减计数。当加计数到 9 或减计数到 0 时，CO 输出为低电平，使可控振荡器停振。可见，多谐振

荡器又受控于 U_1 的 7 脚进位/借位输出端，当溢出使得 CO 输出为 0 时，使振荡器停振，U_1 停止计数。另外，计数输出的 BCD 码送给七段译码器 U_2 得出相应的七段码，再加到共阳极数码管进行显示。

2. 报警电路

U_3A、U_3B 和 R_2、C_1 构成 1kHz 左右的可控多谐振荡器，产生音频振荡信号，通过限流电阻器 R_1 至晶体管 VT_1 放大并驱动蜂鸣器发出报警声。另外，此振荡器也受控于 U_1 的 CO（7 脚）进位/借位输出，当计数溢出使 CO 输出为低电平时，经电阻器 R_4、反相器 VT_2 倒相输出为高电平，使振荡器起振，工作并发出报警声。报警后可由 S_1 预置新的初值并按 S_2，使电路再次开始定时工作。

3. 编码预置电路

SA 设定计数器 4029 的加减计数方式，SA 打开时，计数器为减 1 计数，否则，计数器为加 1 计数。S_1 是四位 BCD 码编码开关，S_2 是预置、计数控制开关，决定是否预置。由 S_1 开关根据需要控制输入预置的计数初值到 U_1 的 $D_3 \sim D_0$ 端，当按钮开关 S_2 按下时，则计数初值被预置并由 U_1 的 $Q_3 \sim Q_0$ 输出给七段译码器 U_2，经译码后驱动数码管显示相应的数字。

【知识链接3】 计数译码显示电路的主要技术参数调试

1. 主要技术参数调试流程图

主要技术参数调试流程图如图 7-15 所示。

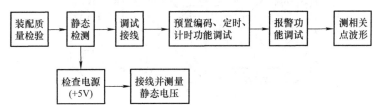

图 7-15 技术参数调试流程图

2. 主要技术参数调试接线图

主要技术参数调试接线图如图 7-16 所示。

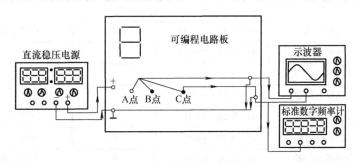

图 7-16 技术参数调试接线图

3. 静态工作电压的测试

根据图 7-17 的印制电路板图进行装配、焊接，后仔细检查无误，再进行调试。

1）未插 IC 通电检查。

将直流稳压电源输出调至 5V，电路板先不插集成电路，按原理图与 PCB 图进行接线，元器件列表如表 7-9，用数字万用表分别测量集成电路 4011 的 14 脚、4029 的 16 脚、4543 的 1 脚、6 脚和 16 脚电压，它们的对地电压都应是 +5V；4029 的 5 脚和 9 脚、4543 的 7 脚电压都应是 0V。无误后方可断电插上集成电路。

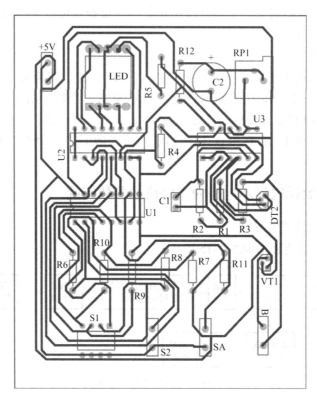

图 7-17　计数译码显示电路印制板图

表 7-9　元器件列表

序号	名称	型号	符号	作用
1	金属膜电阻器	RJ − 0.25 − 4.7kΩ	R_1	基极隔离、限流电阻
2	金属膜电阻器	RJ − 0.25 − 240kΩ	R_2	报警振荡器定时电阻
3	金属膜电阻器	RJ − 0.25 − 3kΩ	R_3	集电极电阻
4	金属膜电阻器	RJ − 0.25 − 4.7kΩ	R_4	基极偏置电阻
5	金属膜电阻器	RJ − 0.25 − 100Ω	R_5	数码管限流电阻
6	金属膜电阻器	RJ − 0.25 − 10kΩ	R_6	编码电阻
7	金属膜电阻器	RJ − 0.25 − 5.1kΩ	R_7	编码电阻
8	金属膜电阻器	RJ − 0.25 − 5.1kΩ	R_8	编码电阻
9	金属膜电阻器	RJ − 0.25 − 5.1kΩ	R_9	编码电阻

序号	名称	型号	符号	作用
10	金属膜电阻器	RJ-0.25-5.1kΩ	R_{10}	编码电阻
11	金属膜电阻器	RJ-0.25-10kΩ	R_{11}	编码电阻
12	金属膜电阻器	RJ-0.25-1MΩ	R_{12}	时钟振荡器定时电阻
13	微调电阻器	WS-500kΩ	RP_1	时钟振荡器定时电阻
14	涤纶电容器	2000PF	C_1	报警振荡器定时电容
15	电解电容器	CD-16V-22μF	C_2	时钟振荡器定时电容
16	晶体管	9013	VT_1	驱动
17	晶体管	9013	VT_2	反相器
18	数码管	LED（共阳极）	LED	数字显示
19	双列直插开关	KSZ-4	S_1	编程控制开关
20	轻触开关	无锁型双掷	S_2	复位开关
21	轻触开关	自锁型双掷	SA	加减计数控制
22	集成电路	4543	U_2	七段译码器
23	集成电路	4029	U_1	可预置、可逆计数器
24	集成电路	4011	U_3	与非门
25	双列IC插座	DIP14		14脚IC插座
26	双列IC插座	DIP16（2只）		16脚IC插座
27	蜂鸣器	16Ω/0.5W	B	报警鸣音
28	印制板	PCB		

2）已插IC通电检查

插上集成电路4011、4029、4543，然后再通电。用数字万用表分别测量集成电路4011的14脚、4029的16脚、4543的1脚、6脚和16脚电压，它们的对地电压都应是+5V；4029的5脚和9脚、4543的7脚电压都应是0V。然后置RP_1滑动端于中间位置。

1）测试初值预置和计时功能。

置开关SA断开位置，S_1预置为1001，然后，按下S_2，观察并记录数码管的翻转显示状态和报警器响时数码管数字停止在最后一个计数的数值。

置开关SA闭合位置，S_1预置为0000，然后，按下S_2，观察并记录数码管的翻转显示状态和报警器响时数码管数字停止在最后一个计数的数值。

置开关SA闭合（或断开）位置，S_1预置为任意BCD码，然后，按下S_2，观察数码管的翻转显示状态，进一步验证初值预置功能和计时功能是否正常。

2）测试定时功能。

置开关SA闭合（或断开）位置，S_1预置为5（0101），然后，按下S_2，这时数码管显示应从5、6、…、9或从5、4、…、0加减翻转显示。

缓慢调节RP_1，使数码管显示从5、6、…、9或从5、4、…、0共用时15s。

用频率计探头接至U_3C（4011）的输出端（10脚），测读频率数。

3）报警电路测试。

把示波器和频率计探头接至 C 点，读出示波器显示器上的报警器振荡波形周期或频率计上的频率数。

用示波器测 A 点、B 点、C 点的波形，分析各波形的幅度的大小和它们的相位关系。

把电流表串接在负载回路中，测量负载的电流，根据 $P = UI$ 计算报警功率，其中负载两端电压为 5V。另外，也可根据声音响度调整 R_1 的大小，从而调整负载的报警功率。

【工作任务实施】 计数译码显示电路的制作

1. 任务目的

1）熟悉印制电路板的制作过程。

2）熟练掌握元器件检测、装配、焊接的方法。

3）了解电路调试的方法。

2. 需准备的工具及材料

电烙铁、镊子、尖嘴钳各一只，敷铜板一块，清漆（或磁漆）一瓶、细毛笔一支、香蕉水一瓶，焊锡若干，电路图一份。

3. 实施前知识准备

相关元器件的检测方法；元器件的焊接方法；成品电路的检测方法及故障排除方法。

4. 实施步骤

1）记录分组情况。

2）逐一检测所有元器件。

3）电路装接。

根据电路原理图和印制电路板图进行装配、焊接，要求成形、插装，符合无线电装接工艺，且装接正确无误。也可采用面包板或万用实验板进行操作。

4）电路与工艺检验。

对照图样和元器件表，认真检查元器件规格、型号有无装配错误，对印制电路板要求按图作电路检查，重点检查有无短路、搭焊、漏焊与虚焊现象。要求不漏装、错装，不损坏元器件，无虚焊，漏焊和搭锡，IC 集成电路与其插座均不应装反，元器件排列整齐并符合工艺要求。用万用表 $R \times 1$ 档逐一检测同一铜箔（网络）上焊点的通断情况。

5）调试电路。

练习与思考题

1. 简述制作一个电子产品的完整过程。

2. 简述桥式整流电路的工作原理。

3. 简述在自制电路板上焊接元器件时的注意事项。

项目 8 电子产品整机的装配与调试

【学习目标】

1) 理解 HX207 七管收音机各功能电路的工作原理。
2) 掌握调幅接收系统的调试及故障排除。
3) 通过对收音机的装配、焊接及调试，了解电子产品的生产制造过程。
4) 培养分析问题、发现问题和解决问题的能力。
5) 独立进行整机的焊接和调试，并达到产品质量要求。

任务 1 超外差半导体收音机的装配

【工作任务描述】

本任务要制作一个七管超外差半导体收音机，进而了解电子整机装配与调试的过程及方法。七管收音机是成品的套件，即有成品的印制电路板，不需要我们自己再制作电路板了。有兴趣的同学也可以自己设计 PCB。装配是制作收音机的基础，装配的好坏直接影响到收音机最后能否调试成功。

【知识链接 1】 超外差半导体收音机的工作原理

1. 组成框图

超外差半导体收音机的组成框图如图 8-1 所示。

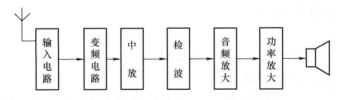

图 8-1　超外差半导体收音机组成框图

超外差半导体收音机先将高频信号通过变频变成中频信号，此信号的频率高于音频信号频率，其频率固定为 465kHz。由于 465kHz 取自于本机振荡信号频率与外部高频信号频率之差，故成为超外差。$f = f_0 - f_s$，（其中 f 为中频频率，f_0 为本振频率，f_s 为高频调幅信号频率）。

2. 基本工作原理

超外差半导体收音机电路图如图 8-2 所示。

空间中有许许多多电台发送的电磁波，它们都有自己的固定频率，收音机通过天线和由电感线圈和可变电容器组成的谐振电路（称调谐电路）来选择性的接收所需高频信号。由调谐电路选择出的所需要的电台信号是已调幅的高频信号，并且十分微弱，需要先经过高频

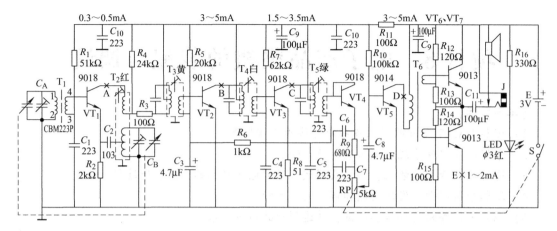

图 8-2　超外差半导体收音机电路图

小信号放大器进行放大处理，再经过变频器（混频器和本振）将高频信号变为频率为 465kHz 的中频信号，这是超外差式收音机的核心部分，由于它是调制信号，扬声器无法将这种信号直接还原成声音，因此，必须从高频信号中把音频信号分离出来，这个分离过程称为解调或检波。在收音机中，检波是由半导体器件二极管或晶体管来完成的。调幅的高频信号经检波还原出音频信号，再经过低频功放然后送往扬声器，扬声器将音频信号还原为声音。

收音机接收天线将广播电台播发的高频的调幅波接收下来，通过变频把外来的各调幅波信号变换成一个低频和高频之间的固定频率 465kHz（中频），然后进行放大，再由检波级检出音频信号，送入低频放大级放大，推动扬声器发声。而不是把接收天线接收下来的高频调幅波直接放大去检出音频信号（直放式）。超外差式收音机由输入回路高放混频级、一级中放、二级中放、前置低放兼检波级、低放级和功放级等部分组成，接收频率范围为 535~1605kHz 的中波段。

3. 单元电路

超外差收音机是由天线、输入回路、本机振荡器、变频器、中频放大器、检波器、低频电压放大器、功率放大器等部分组成。

天线：接收许多广播电台的高频信号，天线线圈绕在磁棒上（磁棒具有聚集电磁波磁场的能力）。

输入回路：选出其中所需要的电台信号送入变频级的基极，同时，由本机振荡器产生高频等幅波信号。

本机振荡器：提供本机振荡器信号。

变频器：将天线回路的高频调幅信号变成频率固定的中频调幅信号。

中频放大器：对中频信号进行放大。

检波器：对信号进行幅度检波，从而还原出音频信号。

低频电压放大器：对信号进行电压放大。

功率放大器：对功率进行放大。

下面对各部分电路进行逐一介绍。

（1）输入调谐电路

输入调谐电路由双连可变电容器的 CA 和 T_1 的初级线圈 Lab 组成，并联谐振电路，T_1 是磁性天线线圈，从天线接收进来的高频信号，通过输入调谐电路的谐振选出需要的电台信号，电台信号频率是，当改变 CA 时，就能收到不同频率的电台信号。

（2）变频电路

本机振荡和混频合起来称为变频电路。变频电路是以 VT_1 为中心，它的作用是把从输入回路送来的调幅信号和本机振荡器产生的等幅信号一起送到变频级，经过变频级产生一个新的频率，这一新的频率恰好是输入信号频率和本振信号频率的差值，称为差频。例如，输入信号的频率是 535kHz，本振频率是 1000kHz，那么它们的差频就是（1000 − 535）kHz = 465kHz；当输入信号是 1605kHz 时，本机振荡频率也跟着升高，变成 2070kHz。也就是说，在超外差式收音机中，本机振荡的频率始终要比输入信号的频率高一个 465kHz。这个在变频过程中新产生的差频比原来输入信号的频率要低，比音频却要高得多，因此我们把它叫作中频。不论原来输入信号的频率是多少，经过变频以后 都变成一个固定的中频，然后再送到中频放大器继续放大，这是超外差式收音机 的一个重要特点。以上 3 种频率之间的关系可以用下式表达：

$$本机振荡频率 − 输入信号频率 = 中频$$

（3）中频放大电路

它主要由 VT_2、VT_3 组成的两级中频放大器。由于中频信号的频率固定不变而且比高频略低（我国规定调幅收音机的中频为 465kHz），所以它比高频信号更容易调谐和放大。通常，中放级包括 1～2 级放大及 2～3 级调谐回路，这直放式收音机相比，超外差式收音机灵敏度和选择性都提高了许多。可以说，超外差式收音机的灵敏度和选择性在很大程度上就取决于中放级性能的好坏。

（4）检波和自动增益控制电路

经过中放后，中频信号进入检波级，检波级也要完成两个任务：一是在尽可能减小失真的前提下把中频调幅信号还原成音频。二是将检波后的直流分量送回到中放级，控制中放级的增益（即放大量），使该级不致发生削波失真，通常称为自动增益控制（Automatic Gain Control，AGC）电路。

（5）前置低放电路

检波滤波后的音频信号由电位器 RP 送到前置低放管 VT_4，经过低放可将音频信号电压放大几十到几百倍，但是音频信号经过放大后带负载能力还很差，不能直接推动扬声器工作，还需进行功率放大。旋转电位器 RP 可以改变 VT_4 的基极对地的信号电压的大小，可达到控制音量的目的。

（6）功率放大器（OTL 电路）

功率放大器的任务是不仅要输出较大的电压，而且能够输出较大的电流。本电路采用无输出变压器功率放大器，可以消除输出变压器引起的失真和损耗，频率特性好，还可以减小放大器的体积和重量。

【知识链接2】 元器件的识别与检测

此收音机电路所用的主要元器件如表 8-1 所示。

表8-1 七管超外差半导体收音机主要元器件

序号	名称	型号	符号	数量	序号	名称	型号	符号	数量
1	晶体管	9018	VT_1、VT_2、VT_3、VT_4	4 只	19	电解电容器	$100\mu F$	C_9、C_{11}、C_{12}	3 只
2	晶体管	9014	VT_5	1 只	20	瓷片电容器	103	C_2	1 只
3	晶体管	9013H	VT_6、VT_7	2 只	21	瓷片电容器	223	C_1、C_4、C_5	3 只
4	发光二极管	Φ3 红	LED	1 只	22	瓷片电容器	223	C_6、C_7、C_{10}	3 只
5	磁棒线圈		T_1	1 套	23	双联电容器		C_1	1 只
6	中周	红、黄、白、绿	T_2、T_3、T_4、T_5	4 个	24	收音机前盖			1 个
7	输入变压器		T_6	1 只	25	收音机后盖			1 个
8	扬声器	Φ58mm、8Ω	BL	1 个	26	频率刻度板及指针不干胶			各1块
9	电阻器	51Ω	R_8	1 只	27	双联及电位器拨盘			各1个
10	电阻器	100Ω	R_3、R_{11}、R_{13}、R_{15}	4 只	28	耳机插座			1 个
11	电阻器	120Ω	R_{12}、R_{14}	7 只	29	磁棒支架			1 个
12	电阻器	330Ω	R_{16}	1 只	30	印制电路板			1 块
13	电阻器	680Ω	R_9	1 只	31	套件说明书			1 份
14	电阻器	1kΩ	R_6	1 个	32	电池极片			1 套
15	电阻器	2kΩ、20kΩ、24kΩ	R_2、R_5、R_4	各1只	33	连接导线			4 根
16	电阻器	51kΩ、62kΩ、100kΩ	R_1、R_7、R_{10}	各1只	34	双联及拨盘螺钉			3 枚
17	电位器	5kΩ	RP	1 只	35	电位器拨盘螺钉			1 枚
18	电解电容	4.7μF	C_3、C_8	2 只	36	自攻螺钉	固定电路板		1 粒

1. 电阻

本次装配采用的电阻共20个，均为色环电阻，色环代表数字的意义如项目3所述。

2. 电容

本次装配采用的电容共12个。其中：4.7μF电解电容2个，100μF电解电容3个；瓷片电容7个。电解电容器有正负极，一般在没处理前电容器引脚长的是"＋"极，短的是"－"极。

3. 晶体管

本次装配采用的晶体管共7个，均为硅管，晶体管引脚排列如图8-3所示。发光二极管1只，做指示用。

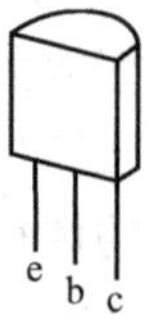

图8-3 晶体管引脚排列

4. 带开关电位器

此电位器是一个五端器件，如图8-4所示，它既可作为开关，又可以调节音量。可以把它理解为一个带开关的滑动变阻器。

该器件的引脚标号从上至下分别为 1 ~ 5 脚。检测时先要测试开关是否良好，用万用表欧姆档测试 1 脚和 5 脚间的电阻值，开时电阻是否为无穷大，关时电阻是否为 0，如果是，则开关良好。

然后再测试电位器是否良好，端子 2、3、4 用万用表的电阻档 $R \times 10k$，先测两固定端（2、4）的标称电阻值，再转动旋钮观察可动端 3 与固定端之间的电阻变化是否连续。

图 8-4　带开关电位器

5. 扬声器

扬声器是一种电声转换器件，它将模拟的语音电信号转化成声波，是收音机、录音机、电视机和音响设备中的重要器件，它的质量直接影响着音质和音响效果。电动式扬声器是最常见的一种结构。电动式扬声器由纸盆、音圈、音圈支架、磁铁、盆架等组成，当音频电流通过音圈时，音圈产生随音频电流而变化的磁场，这一变化磁场与永久磁铁的磁场发生相吸或相斥作用，导致音圈产生机械运动并带动纸盆振动，从而发出声音。电动式扬声器的符号与结构如图 8-5 所示。

图 8-5　电动式扬声器的符号与结构

一般在扬声器磁体的标牌上都标有阻抗值，但有时也可能遇到标记不清或标记脱落的情况。因为一般电动扬声器的实测电阻值约为其标称阻抗的 80% ~ 90%，一只 8Ω 的扬声器，实测阻值约为 11.5 ~ 7.2Ω，所以可用下述方法进行估测。

将万用表置于 $R \times 1$ 档，调零后，测出扬声器音圈的直流电阻 R，然后用估算公式 $Z = 1.17R$ 即可估算出扬声器的阻抗。例如，测得一只无标记扬声器的直流铜阻为 11.8Ω，则阻抗 $Z = 1.17 \times 11.8Ω = 8Ω$。

扬声器是否正常，除可用以上方法测其阻抗外，还可用以下方法进行简易判断。方法是：将万用表置 $R \times 1$ 档，把任意一只表笔与扬声器的任一引出端相接，用另一只表笔断续触碰扬声器另一引出端，此时，扬声器应发出 "喀喀" 声，指针亦相应摆动。如触碰时扬声器不发声，指针也不摆动，说明扬声器内部音圈断路或引线断裂。

6. 天线线圈

天线线圈如图 8-6 所示。在收音机的调谐电路中天线初级和可变电容并联构成 LC 振荡电路，谐振信号通过变压器耦合到二次绕组送入变频管。测量时，要测量一次绕组、二次绕组间的电阻值，而且一、二次绕组不能短路。测量时要格外小心，线圈线径很小，容易折断。

7. 中频变压器（中周）

中频变压器是超外差收音机中频放大级的耦合元件，决定了收音机的灵敏度选择性和同

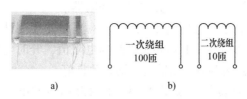

一次绕组
100匝

二次绕组
10匝

a)   b)

图 8-6　天线线圈

a）线圈实物图　b）线头示意图

图 8-7　中频变压器

频带。中周顶端的调整处有颜色区别，4 只为一套，不能互换使用，安装时不要放错位置。测量时要测一次、二次侧内阻，而且初次级间不能短路。中频变压器外形如图 8-7 所示。使用时要注意：在出厂前已调在规定的频率上，装好后只需微调，不要调乱。中周外壳除了起屏蔽作用外，还起导线的连接作用，所以必须将中周外壳可靠接地。

【知识链接 3】收音机的装配过程

1. 元器件组装

HX207 印制电路板如图 8-8 所示，将元器件按照先小后大、小耐热后不耐热的规则组装焊接。因此，先安装电阻，然后是瓷片电容、电解电容、变压器，二极管、晶体管、电位器、输入输出变压器、中周、双联电容器、耳机、扬声器、电源线、天线。实际组装顺序可以根据实际情况进行调整。在装配元器件之前一定要把所有的元器件进行认真的检测，确定元器件正常后才可装配。

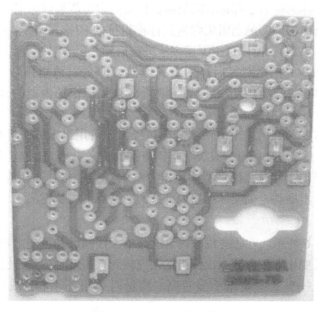

图 8-8　HX207 印制电路板

2. 元器件的焊接

1）在焊接前，烙铁应充分加热，达到焊接的要求。

2）用内含松香助焊剂的焊锡进行焊接，焊接时锡量要适中。

3）焊接时两手各持烙铁、焊锡，从两侧先后依次各以45°接近所焊元器件引脚与焊盘铜箔交点处。待融化的焊锡均匀覆盖焊盘和元器件引脚后，撤出焊锡并将烙铁头每次焊接时间在保证焊接质量的基础上应尽量短。时间太长，容易使焊盘铜箔脱落，时间太短，容易造成虚焊。

4）沿引脚向上撤出。待焊点冷却凝固后，剪掉多余的引脚引线。

3. 装配注意事项

1）电阻的安装高度要尽量统一。

2）瓷片电容和晶体管的引线剪的要适中，不能太长，也不能太短。

3）电解电容紧贴电路板立式安装，不要太高以免影响后盖的安装。

4）天线线圈位置不要焊错，不能用刀刮或砂纸打磨。

5）扬声器要用螺钉固定。

【工作任务实施】 超外差半导体收音机的装配

1. 任务目的

1）理解收音机的电路组成及工作原理。

2）熟悉整机装配过程。

3）熟练掌握焊接元器件的方法。

4）培养耐心细致的工作作风。

2. 需准备的工具及材料

元器件，焊锡适量，吸锡器，电烙铁、斜口钳、烙铁架、一字螺钉旋具、十字螺钉旋具、钢丝钳各一只，万用表，印制电路板，导线，稳压电源。

3. 实施前知识准备

相关元器件的检测方法；元器件的安装方法；元器件的焊接方法。

4. 实施步骤

1）记录分组情况。

2）按元器件清单清点套件。

3）逐一检测所有元器件。

4）按工艺要求安装元器件。

5）细心焊接元器件。

任务2　超外差半导体收音机的调试

【工作任务描述】

电子产品经组装准备、部件装配、整机装配后，都需要进行调试测量，才能使产品达到设计的技术指标要求，实现其预定功能。调试实际上包括调整和测试两方面的工作。本任务通过对装配后的超外差收音机进行调试，熟悉电子产品调试的工艺及过程。

【知识链接1】 调试工艺技术

1. 调试工作的要求

为保证电子产品的调试质量，在确保产品调试工艺文件完整的基础上，对调试工作的一般要求有：

（1）对调试人员的要求

调试是一项技术性较强的工作，调试人员应具有一定的电子技术知识和调试操作技能，能理解产品工作原理、技术条件及性能指标；能掌握仪器仪表的正确使用方法并能熟练地进行操作；熟悉产品的调试工艺文件，明确本工序的调试内容、方法和步骤，设备条件及注意事项。

（2）对环境的要求

调试场地应整齐清洁，避免高频高压电磁场干扰，例如强功率电台、工业电焊等干扰会引起测量数据不准确。调试高频电路时应在屏蔽室内进行。调试大型整机的高压部分时，应在调试工序周围挂上"高压"警告牌。

（3）仪器仪表的放置和使用

根据工艺文件要求，准备好测试所需的各类仪器设备，核查仪器的计量有效期，测试精度及测试范围等。仪器仪表放置应符合调试工作的要求。

（4）技术文件和工装的准备

技术文件是产品调试的依据。调试前应准备好产品的技术条件、技术说明书、电原理图、检修图和工艺过程指导卡等技术文件。对于大批量生产的产品，应根据技术文件要求准备好各种工装夹具。

（5）被测件的准备

测试前必须严格检查单元电路板、部件和整机，查看工序有无遗漏，可调元件连接是否牢靠，元器件是否短路，电源输入端的熔丝是否符合规定等。

（6）通电调试要求

通电前，应检查直流电源极性是否正确，电压数值是否合适。同时还要注意不同类电子产品的通电程序。例如电子管广播电视发射机，通电时应先加灯丝电压，等几分钟再加低压，最后加高压，关机时则相反；普通广播电视接收机一般都是一次性通电。通电后，应观察机内有无放电，打火，冒烟等现象，有无异常气味，各种调试仪器指示是否正常。如发现有异常现象，应立即按程序断电。对于电视机显像管上的高压嘴或高压大容量电容器，应使用放电棒放电后，再排除故障。待调产品需在通电完全正常后，方可进行调试。

2. 调试工作的程序

因电子产品种类繁多，功能各异，电路复杂，各产品单元电路的数量及类型也不相同，所以，调试程序也各不相同。简单的小型电子产品，组装完毕即可直接进行整机调试。而较复杂的大中型电子产品，其调试程序如下。

（1）电源调试

由于较复杂电子产品都有独立的电源电路，它是其他单元电路和整机工作的基础。所以通常在电源电路调试正常后，才能对其他项目进行调试。电源部分通常是一个独立的单元电路，电源电路通电前应检查电源变换开关是否在要求的档位上（如110V，220V）；输入电压是否正确；是否装入符合要求的熔丝等。通电后，应注意有无放电，打火，冒烟现象，有无异常气味，触摸电源变压器有无超常温升。若有这些现象，应立即断电检查，待正常后，方可进行电源调试。

电源电路的调试，通常先在空载状态下进行。其目的是防止因电源未调好而引起负载电路的损坏。电源部分调试内容主要是测试各输出电压是否达到设计值，电压波形有无异常或调节后是否符合设计要求等。空载调试正常后进行加载调试，即将电源加上额定负载，再测量各电压值，观察波形是否符合要求，当达到要求后，应固定调节元件的位置。

（2）各单元电路的调试

电源电路调试结束后，可按单元电路功能依次进行调试（批量生产时，有的单元电路调试不用电源电路供电，而用直流稳压电源供电）。例如收录机生产时，可分别进行录放功能板调试、收音机功能板调试、功放板调试、音调板调试等。调试时，应先测量和调整静态工作点，然后进行其他各参数的调整，直到各部分电路均符合技术文件规定的指标为止。

（3）整机调试

各单元电路、部件调好后，便可进行整机总装和整机调整。整机调整过程中，应对各项参数分别进行测试，使测试结果符合技术文件规定的各项技术指标。整机调试完毕，应紧固各调整元器件。

【知识链接2】 收音机的调试过程

1. 调整前的准备工作

收音机安装好以后，在调整之前应仔细检查。检查的内容包括：

1）查对电路图。逐个检查每一个焊点是否已经焊接牢固，特别是晶体管引线不能松脱。

2）各级的晶体管有无误装，引脚装接是否接对。

3）输入回路线圈有无接反；中频变压器的级序是否前后接对，输入输出的中心抽头与两边有无调错。

4）电解电容的"＋""－"极性装接是否有误，各级电阻、电容元件的数值是否正确。

5）各元器件和接线有无相碰，如有歪斜的元器件，应扶直排列整齐。

6）机内有无线头、焊锡等杂物，若有，需清理干净，防止造成短路。

使用专用的电子测量仪器时，应按仪器规定的要求测量。测量时的电源供给，可使用干电池，也可使用其他直流电源，但电压应满足收音机要求的数值。以上的各项内容检查无误后，才能接通电源，然后仔细进行调整。调整工作可按以下步骤进行：

调整各级工作点→调整中频放大级→调整频率范围→统调（调灵敏度）→调整低频放大级。

由于收音机各级工作点和低频放大级的参数均以调整好，我们只需完成后面的步骤。

2. 调整中频放大级（调中周）

超外差式收音机中由于有中频放大，可以使整机的选择和灵敏度达到很高。中频放大级是决定晶体管超外差式收音机的灵敏度和选择性的关键，当收音机安装或修理完毕，并能以超外差的形式接收到电台以后，便可开始调整中频变压器。

新的中频变压器被装上收音机后仍然需要调整。因为它所并联的电容量总存有误差，机内的布线也存有大小不同的分布电容，都会使中频变压器因此而失谐。修理收音机时新换的中频变压器，或使用已久的收音机中，磁心已老化、元件已变质的中频变压器，都有可能失谐。所以，调整中频变压器是修理收音机不可缺少的一个步骤。

利用高频信号发生器调整中频放大级，是一种精确的调整方法其示意图如图8-9所示。

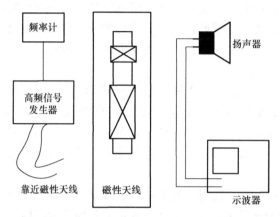

图8-9　收音机调试示意图

调整时把高频信号发生器的频率调准在规定的465kHz上，调制信号为1kHz，调制度为30%，把示波器并接在扬声器的两端，也可以扬声器声音的大小来判别信号峰点的变化。

调整时要把收音机的音量控制电位器开大，把指示频率刻度置于中波最低端525kHz上，这时输入的谐振频率比较接近中频频率。由小到大缓慢的调节信号发生器的输出，当扬声器能听到低频信号时，依次调整中频变压器TF10－2、TF10－1，使扬声器输出的声音最大。逐步减小信号发生器的输出电压或者逐步将收音机远离信号发生器（这样做的目的是为了尽量减小自动增益控制的作用），再依次调整中频变压器TF10－2、TF10－1，使扬声器输出的声音最大，反复3次。

中频变压器的谐振频率偏离较大时，465kHz的调幅信号输入后，扬声器里可能没有低频输出，这时应左右偏调信号发生器的频率，使扬声器内出现低频输出、在找出谐振点后，再把高频信号发生器的频率，逐步地向465kHz位置靠近，同时调整中频变压器直到其频率调准在465kHz位置上。比如，测得中频是在400kHz的位置，这时可将信号发生器的频率调到430kHz位置，也就是向465kHz方向靠近，使扬声器里出现低频声音，并把中频变压器暂时调谐到430kHz位置；接着再偏调信号发生器的频率到465kHz的位置，同时把每个中频变压器调谐到465kHz的位置。借助这个方法，可以把偏离较远的中频调谐频率，逐步地牵引到所需要的频率。经过这样调整之后，还要减小输入信号再细调一遍。

3. 调整频率范围

中波段频率在800kHz以下的叫低端，这时可变电容器相应旋到容量最大或较大位置；频率在1200kHz以上的叫高端，这时把可变电容器相应地旋到容量最小或较小位置。频率在800kHz～1200kHz的，叫中端。新装的收音机频率范围是不准确的，可能偏高或偏低，必须进行频率范围的调整，才能达到规定的指标。调整频率范围的仪器连接，具体步骤如下。

1）把高频信号发生器输出的调幅信号靠近收音机，高频信号发生器的频率调在525kHz

上，调制信号为1kHz，调制度为30%。这时打开收音机，把双连可变电容器全部旋进，指针指在525kHz刻度上，再用螺钉旋具轻轻地左右调整振荡线圈LF10－1，使扬声器声音最大。这里要特别注意：由于螺钉旋具有感性，会影响电感的参数，因此判断扬声器声音是否最大，应以螺钉旋具调整后离开磁心时为准。

2）高频信号发生器的频率调在1605kHz上，调制信号为1kHz，调制度为30%。把双连可变电容器全部旋出，指针指在1605kHz刻度上，用螺钉旋具旋转并联在振荡连上的微调电容器C_{1b}。使扬声器声音最大。同样判断扬声器声音是否最大，应以螺钉旋具调整后离开C_{1b}时为准。

3）重复上述步骤反复调整几次，直到频率范围调准为止。

4. 统调（调整灵敏度）

新装的晶体管收音机和失谐的旧收音机，必须进行统调才能达到应有的指标。修理收音机时，如果更换了天线回路或变频元器件，中频频率可能产生偏离，也要进行统调。所谓统调，就是使电路保持或逼近"同步"的一系列调整步骤。通常采用的统调方法是调整振荡回路去配合输入回路，使它们的频率差值满足465kHz，这叫作"跟踪"。

在调谐回路里，改变振荡线圈的电感量（即变动磁心位置），就能够明显地改变低端的振荡频率（这对于高端同样也有影响）。当改变振荡微调的电容量时，则能明显地改变高端的振荡频率。因此，校准频率刻度时，低端应调整线圈的磁心，高端应调整振荡微调。输入回路与外来信号的频率是否谐振，是决定超外差式收音机的灵敏度和选择性的关键之一，调整输入回路与外来信号频率谐振，就能够使灵敏度高，选择性良好。调整输入回路通常叫作调整补偿。调整补偿时，在低端是调输入回路线圈在磁棒上的位置，在高端则是调整天线的微调电容器。振荡回路和输入回路经过调整后，只要调节可变电容器，就可以使这两个回路（振荡与输入）的频率同时连续地改变，这就能使这两个回路的频率的差值保持在465kHz。这就是通常所说的"同步"或"跟踪"。

实际上，要使整个波段内对每一点都能达到同步是不可能的，但应当使整个波段内达到基本同步。因此，在设计振荡和输入回路时，要力求中间频率（如中波段1000kHz）达到同步，而在低端则通过调整磁性天线的电感量，在高端通过调整天线微调的电容量，来使低端和高端也达到同步，这样就可使其他各点的频率也很接近。因此，在超外差式收音机的整个波段范围内要求有3点是同步的，也就是要求达到通常所说的3点统调。本收音机的3点统调，取低端600kHz、中端1000kHz、高端1500kHz 3个位置。其中1000kHz的位置由收音机设计来保证，无须调整。其他两点的统调步骤如下。

1）把高频信号发生器输出的调幅信号收音机，高频信号发生器的频率调在600kHz上，调制信号为1kHz，调制度为30%。这时打开收音机，把双连可变电容器指针指在600kHz刻度上，用无感工具（如塑料笔杆）移动天线线圈L101在磁棒上的位置，使扬声器声音最大。

2）高频信号发生器的频率调在1500kHz上，调制信号为1kHz，调制度为30%。把双连可变电容器指针指在1500kHz刻度上，用螺钉旋具旋转并联在天线线圈的微调电容器C_{1a}，使扬声器声音最大。同样判断扬声器声音是否最大，应以螺钉旋具调整后离开时C_{1a}为准。

3）重复上述步骤反复调整几次。

统调点的频率正确与否，对整机灵敏度的均匀性有很大的关系。因此，统调时要仔细调整，才能达到 3 点统调的要求，获得良好的效果。

【工作任务实施】超外差半导体收音机的调试

1. 任务目的

1）了解电子产品调试工艺过程。

2）学习收音机电路的中周、频率范围调整和统调方法。

2. 需准备的工具及材料

装配完的收音机、信号发生器、示波器和电压表各一台、无感螺钉旋具一把。

3. 实施前知识准备

收音机电路的调试方法。

4. 实施步骤

1）记录分组情况。

2）外观检查。

3）调中周。

4）调频率范围。

5）统调。

任务 3　整机检查与故障排除

【工作任务描述】

一台收音机如果装配无误，工作点调试正确，一般接通电源后就可以收到当地发射功率比较强的电台信号。但即便如此，也不能说它工作得就很好了，这时它的灵敏度和选择性都还比较差，还必须把它的各个调谐回路准确地调谐在指定的频率上，这样才能发挥电路的工作效能，使收音机的各项性能指标达到设计要求。通过装配和调试，有的收音机不能正常工作，本任务学习收音机的故障排除方法，学习维修有故障的收音机。

对照收音机和电路原理图。

1）检查各级晶体管的型号，安装位置和引脚是否正确。

2）检查各级中周的安装顺序，一、二次绕组的引出线是否正确。

3）检查电解电容的引线正、负接法是否正确。

4）分段绕制的磁性天线线圈的一、二次绕组安装位置是否正确。

5）用指针式万用表 $R \times 100$ 档测量整机电阻，用红表笔接电源负极线，黑表笔接电源正极引线，测得整机电阻值应大于 500Ω。以上检查无误后，方能接通 4.5V 电源。

但是由于不够细心或是因为元器件质量问题而致使收音机不能正常工作，这就需要对收音机进行检修和排除故障。

【知识链接 1】整机检查方法

1. 直观检查法

打开收音机后盖，首先检查机内有无断线和元器件漏装、错装，电池夹、电源开关是否接触良好。也可以用螺钉旋具轻轻拨动元器件，看有无虚焊和元器件彼此相碰的地方。接通电源，把电位器开到最大，然后再用导线瞬间短路某两点或用手拿螺钉旋具去碰触各晶体管的电极，根据扬声器中发出的声音的大小来判断故障部位。检测的顺序可以从后向前逐级试验。

首先从末级开始，用一段导线将 VT_5 和 VT_6 的集电极和电源正极瞬间短路，这时扬声器里如果发出"咯咯"声，就表示输出变压器 T_6 和扬声器工作正常。再用导线将 VT_4 的集电极对地瞬间短路，如果扬声器也发出"咯咯"声，则说明推挽放大级工作也是正常的。由于前置低放已经有相当的放大能力，这时只需用手拿螺钉旋具碰触 VT_4 的基极（不必对地短路），扬声器中就应发出"咯咯"声，有时在扬声器中甚至还可以听到电台播音声或交流声。如果试验某一级的时候，扬声器中没有任何反应，那么故障一定就发生在这一级。用螺钉旋具碰触 VT_3 和 VT_2 的基极时，由于中周 T_3、T_4 的圈数很少，所以扬声器中只能听到微弱的"咯咯"声。但是如果将基极对地短路一下，也可在扬声器中听到比较明显的响声。检查变频级时，可以用螺钉旋具分别碰触双连电容的两组定片，扬声器中都应发出声音，这就说明变频级工作是正常的。如果碰触振荡连定片时明显小于碰触输入连定片时发出的声音，那就说明本机振荡停振了，这就要检查振荡线圈是否有问题，或是双连电容内部有短路等故障。

2. 电流电压检查法

直观检查法可以大致判断故障部位，用万用表测量各级电流电压则可以对故障作进一步的检查和分析。测量一下电源电压，不应低于 1.5V，调试时最好用新电池。各级晶体管的集电极、发射极、基极电压如表 8-2 所示。

表 8-2　各晶体管各电极电压　　　　　　　　　（单位：V）

电极	e	b	c
BG_1	1.07	0.87	2.37
BG_2	0	0.55	0.55
BG_3	0.1	0.55	1.3
BG_4	0	0.7	1.77
BG_6	0	0.65	3
BG_7	0	0.65	3
BG_5	0.65		

如果实验测试出来的电压值与标称的电压值有较大的差距，那么就要在其周围电路检测是否存在故障。

【知识链接 2】故障排除方法

大部分收音机，由于其处于移动状态，所以其故障率还是比较高的，虽然收音机集成度也很高，但在实际维修中发现常见故障大体上有以下几种。

（1）电池没电造成的"伪故障"

故障现象通常是开机用不了几分钟声音就逐渐变小并消失或开机响一下后就没反应了。对于此类现象的故障机可先换一下新电池试试，往往就会恢复正常。

（2）耳机插孔接触不良造成的故障

在晚间听收音机很多人都喜欢使用耳机，所以这一故障是非常常见的，故障现象通常是扬声器声音小或耳机声音小或时大时小且偶尔有噪声。此类故障同样可用加注少许液体润滑油的方法进行修复。

（3）调谐双联脏污造成的故障

可以说所有手调式收音机都会遇到些故障，只是发"病"时间不尽相同（与质量和使用环境等因素有关）而已，其故障现象是在调谐时发出噪声并很难调准电台，而且灵敏度也会下降。此故障很好维修，如果能买到新双联（四联）就换新，如果买不到同型号的，可把双联（四联）焊下来放入无水酒精中浸泡半小时后拿出并待其自然晾干后再焊回电路中即可修复。

（4）音量电位器接触不良或磨损严重造成的故障

这也是一个极为常见的故障，接触不良的故障现象是音量时大时小且调节音量电位器时有噪声，磨损严重的故障现象通常是音量比较大且无法完全关闭声音（或情况相反）。对于前者可为电位器加注两滴液体润滑油进行修复（要拆开滴到内部），当然，如果在无故障时这么做就可以非常有效地避免接触不良的故障；对于后者别无他法，只能通过更换音量电位器来修复。

（5）元器件虚焊造成的故障

几乎所有电器都会出现元器件虚焊的故障，对于收音机来说其概率就更要高一些了，不过好在收音机的元器件虚焊是比较好维修的，通常都是中周、切换开关之类的"大件"才会虚焊，而且通常都能用肉眼看出来（或者借助放大镜）。总之，只要遇到随震动而变化的故障就要重点查一查有无元器件虚焊的情况。

（6）中周损坏（内部因振动导致接触不良）造成的故障

通常这种元器件都是不易损坏的，它们损坏的故障现象通常都是灵敏度降低或声小或啸叫或声音堵塞或无声音等。维修时只要更换新元器件就可以了。

（7）电池卡簧被腐蚀（或氧化）造成的故障

电池漏液是个非常普遍的现象，它带来的影响就是电池卡簧被腐蚀而导致与电池的接触电阻增大，故障现象也就产生了——装上新电池就像快没电的电池似的。解决方法是用整形锉锉一锉，然后再滴几滴液体润滑油即可，或者更换新的卡簧。

总之，收音机故障的检修是一项细致复杂的工作，需要耐心地按步骤地进行，一下子不能排除故障，可以查阅有关书籍，冷静思考后再进行。即使反复检查后，仍然查不出故障，也切不可乱调乱换元器件，导致故障进一步扩大。这时，应请老师指导。检修水平的提高，有赖于知识和经验的积累，绝不可能一蹴而就。

【工作任务实施】整机检查与故障排除

1. 任务目的

1）了解电子整机检查方法。

2）了解收音机电路的故障排除方法。

2. 需准备的工具及材料

信号发生器、示波器和电压表各一台、无感螺钉旋具一把。

3. 实施前知识准备

电子整机的检查方法及收音机故障排除方法。

4. 实施步骤

1）记录分组情况。

2）整机检查。

3）故障排除。

练习与思考题

1. 整机检查需要注意哪些方面？

2. 常见的检修方式有哪几种？简述其方法。

3. 举例说明几种故障的排除方法。

参 考 文 献

[1] 周南权. 电子技能及项目训练 [M]. 北京：化学工业出版社，2013.

[2] 杨元挺，唐果南. 电子技术技能训练 [M]. 北京：高等教育出版社，2004.

[3] 杨元挺，费小平. 电子整机装配实习 [M]. 北京：电子工业出版社，2003.

[4] 陈其纯. 电子整机装配工艺与技能训练 [M]. 北京：高等教育出版社，2003.

[5] 佘明辉，张源峰，孙学耕. 电子工艺与实训 [M]. 北京：机械工业出版社，2014.

[6] 李宗忍. 电子技术工艺基础 [M]. 北京：人民邮电出版社，2008.

[7] 陈国培. 电子技能实训-中级篇 [M]. 北京：人民邮电出版社，2007.

[8] 蔡杏山. 学电子元器件超简单 [M]. 北京：机械工业出版社，2013.

[9] 陈颖. 电子材料与元器件 [M]. 北京：电子工业出版社，2005.

[10] 姜洪雁. 实用电工技术 [M]. 上海：上海交通大学出版社，2013.

[11] 王成安，狄金海. 电子产品工艺与实训 [M]. 北京：机械工业出版社，2016.

[12] 张明金. 电工技术与实践 [M]. 北京：电子工业出版社，2010.

[13] 金瑞，周遐. 维修电工技能实训 [M]. 北京：高等教育出版社，2009.

[14] 徐卯. 电子工艺与实训 [M]. 北京：科学出版社，2007.

[15] 徐根耀. 电子元器件与电子制作 [M]. 北京：北京理工大学出版社，2009.

[16] 孟贵华. 电子技术工艺基础 [M]. 北京：电子工业出版社，2008.